AGENTES CLORADOS EN PISCINAS

Anil Zolabaji Chitade
Prashant S. Lanjewar
Sunil V. Prayagi

AGENTES CLORADOS EN PISCINAS

Evaluación del rendimiento y la eficacia

ScienciaScripts

Imprint

Cover image: www.ingimage.com

This book is a translation from the original published under ISBN 978-620-2-52857-3.

Publisher:
Sciencia Scripts
is a trademark of
International Book Market Service Ltd., member of OmniScriptum Publishing Group
17 Meldrum Street, Beau Bassin 71504, Mauritius
Printed at: see last page
ISBN: 978-620-0-92839-9

Contenido

CAPÍTULO 1

INTRODUCCIÓN

Históricamente, el desarrollo de la civilización ha llevado a un cambio en el patrón de uso del agua desde lo rural / agrícola a lo urbano / industrial, generalmente con la secuencia - bebida e higiene personal, pesca, navegación y transporte, riego del ganado y de la agricultura, energía hidroeléctrica, producción industrial - como la pulpa y el papel, actividades recreativas y conservación de la vida silvestre. Afortunadamente, los usuarios de agua con las mayores exigencias de calidad suelen tener la menor demanda de cantidad.

La industrialización y el crecimiento de los grandes centros urbanos se han logrado gracias al aumento de la presión demográfica sobre el medio acuático. El agua en lagos, ríos, piscinas y parques acuáticos como un conveniente receptor de desechos pone al usuario en conflicto y deja una seria preocupación con su procesamiento y el conveniente tratamiento del agua.

Factores que afectan a la calidad del agua

La química adecuada del agua es esencial para mantener un funcionamiento seguro y consistente de la piscina. Los productos químicos utilizados en las piscinas incluyen desinfectantes para destruir organismos nocivos o de otro modo objetables; ajustadores de alcalinidad y pH para mantener una relación ácido-base consistente y una capacidad de amortiguación de los ácidos; estabilizador de cloro para evitar la pérdida innecesaria de cloro; alguicida para matar y prevenir las algas, y auxiliares de filtración para ayudar a eliminar los materiales extraños. A continuación se examinan diversos factores que afectan a la química del agua, la forma en que afectan a las piscinas y la manera de utilizar los productos químicos para restablecer una química del agua debidamente equilibrada. Los nadadores, incluidos los usuarios de piscinas recreativas, suelen quejarse de infecciones oculares, auditivas y nasales con conjuntivitis, resfriados e infecciones de los senos nasales en particular. Otras quejas incluyen infección de gonococo en los ojos, picazón de los nadadores y enfermedades gastrointestinales. Aunque las autoridades están de acuerdo en que no hay suficientes pruebas científicas para demostrar una relación directa entre la calidad del agua de baño y las enfermedades de los bañistas, las pruebas sugieren que existe tal relación. Es un hecho aceptable entre los propietarios de piscinas que los límites bacterianos en términos de densidad de coliformes de menos de 1000 números por 100 ml de agua de piscina se consideran generalmente aceptables para el baño; a menos que el estudio sanitario muestre peligros inmediatos por las aguas residuales humanas. También se cree que un mayor número de coliformes provoca trastornos gastrointestinales, pero no se puede descartar la participación de miembros de grupos de bacterias aliadas como la salmonela, etc. Del mismo modo, para los ojos, la nariz, la piel y la garganta, los organismos como los hongos juegan un papel muy vital. (1)

Suciedad: Cada día las piscinas y parques acuáticos se cargan de suciedad y microbios de las siguientes fuentes :

i) La gente - Cada vez que nadamos en la piscina, liberamos bacterias, grasas corporales, y entre 15-50 ml de amoníaco y nitrógeno (aproximadamente 1 ml / kg de peso corporal) y hasta un litro de sudor por hora - que es una importante fuente de contaminación. (2)

ii) Suciedad - El polvo del viento, los excrementos de los pájaros, las hojas en descomposición y las patas fangosas, etc., contribuyen a la suciedad de la piscina.

iii) Agua nueva - La lluvia arrastra sedimentos y lava desde el lado de la piscina. Incluso el maquillaje y el agua del grifo están lejos de ser puros.

iv) Algas - Cualquier cuerpo de agua que no se mueva constantemente tendrá una acumulación gradual de algas. Las algas vienen en muchos tipos y colores.

Sin embargo, un estudio de la Universidad de Harvard concluyó que un nadador adulto activo pierde dos pintas de sudor por hora. La transpiración está cargada de sustancias orgánicas que se asemejan a la química de la orina. El cuerpo del nadador también desprende constantemente partículas microscópicas de piel por la fricción del agua.

pH

El pH del agua tiene un efecto definido sobre la eficiencia del cloro así como sobre las propiedades corrosivas del agua (que se tratan más adelante en este capítulo). Se ha demostrado que el cloro libre es más eficiente en el rango de pH de 7,2 a 7,6. Sin embargo, algunos operadores de piscinas mantienen niveles de pH superiores al rango ideal. A continuación se indican los componentes que afectan al pH:

Componentes que repletan el pH	Los componentes que elevan el pH
Ácidos	Ceniza de soda
Gas Cloro	Hipoclorito de sodio
Cloro tricloro TCCA	Hipoclorito de calcio
DCCA dicloro corina	Soda cáustica
El agua de lluvia	Bicarbonato de sodio
Alumno	Los residuos de los nadadores
Basura orgánica	Crecimiento de algas
Hacer agua...	Hacer agua...

El pH de una piscina afecta al cloro de manera crucial. Cuando se añade cualquier tipo de cloro a una piscina se combina con el agua (H2O) para formar el ácido hipocloroso HOCI (el agente sanitizante activo) y el ión hipoclorito OCl- (este es menos activo). La piscina puede tener diferentes porcentajes de cada uno, pero sin exceder el 100%. El porcentaje de ácido hipocloroso HOCI es más importante que el OCI- porque es un sanitizante mucho más efectivo. El pH de la piscina afecta drásticamente a su capacidad para hacer su trabajo. Sin embargo, el pH afecta al HOCI y al OCI de la manera descrita a continuación: A un pH de 6,0 la concentración de ácido hipocloroso HOCI, el agente desinfectante activo es del 97%; desafortunadamente esta lectura de pH bajo es perjudicial tanto para los usuarios como para la piscina. Al mismo tiempo, si el pH pasa al otro extremo de la escala a 9,0 , entonces crea algún tipo de problemas pero con diferentes síntomas. En un entorno de piscina equilibrado se aprovecharía el mayor porcentaje de desinfectante con el pH más cómodo, que es alrededor de 7,5. Sin embargo, el rango ideal de pH es de 7,4 a 7,6 con un rango aceptable de 7,2 a 7,8.

El valor del pH afecta a la cantidad de ácido hipocloroso (cloro libre disponible) que se forma y, por lo tanto, determina la eficacia del cloro como agente de saneamiento. A un pH de 6,5, el 90% del cloro será ácido hipocloroso, mientras que a un pH de 7,5, sólo el 50% del cloro será ácido hipocloroso y a un pH de 8,0, sólo el 20% será ácido hipocloroso.

A pesar del hecho probado de que a un pH de 6,5, alrededor del 90% del cloro está disponible como ácido hipocloroso; las piscinas y parques acuáticos no pueden funcionar a un pH de 6,5, ya que sería lo suficientemente ácido como para corroer los accesorios metálicos del sistema de circulación y está demasiado lejos del pH de 7,4 del cuerpo humano como para que sea cómodo bañarse en él. Por lo tanto, el compromiso es

7.2 a 7,6, preferentemente el punto medio de 7,4.

Alcalinidad total

La alcalinidad, junto con el pH, juega un papel importante en el equilibrio adecuado de una piscina. Ambos afectan la eficiencia del saneamiento, la comodidad de los bañistas junto con la longevidad de los acabados, superficies y equipos de la piscina.
Sin embargo, a un pH más alto, el agua de la piscina hará que los ojos piquen y posiblemente produzca dolor de garganta, además del peligro de formación de incrustaciones en las superficies de la piscina, las tuberías y los accesorios. Esto se debe a que a un pH de alrededor de 8,0, el calcio se combina con los carbonatos del agua para formar carbonato de calcio o incrustaciones. El carbonato de calcio puede formarse en diminutas partículas y flotar en el agua dándole un aspecto nublado y turbio.

Por otro lado, a un pH más bajo, puede corroer los metales, corroyendo los accesorios de cobre y los intercambiadores de calor, dejando óxidos metálicos que manchan las superficies de las piscinas. Bajo ciertas condiciones los metales precipitados (partículas) pueden teñir el pelo, dando un aspecto bastante anticuado. La alcalinidad total de alrededor de 100 ppm es normalmente mantenida por los operadores de las piscinas.

Floculantes

El sulfato de aluminio ($Al2 (SO4)_3$), comúnmente llamado alumbre, se utiliza como auxiliar de filtrado y como coagulante y sedimentante para la turbidez del agua. El "floc" de alumbre es una sustancia blanca y gelatinosa que se adhiere a la materia que flota libremente en el agua para formar partículas más grandes y pesadas que el agua, que se asientan en el fondo de la piscina que se elimina mediante lechos filtrantes de arena.

Algicidas

Hay 46 especies de algas de agua limpia. Las algas de agua limpia pueden ser de color verde azulado, rojo, marrón o negro y pueden causar sabores, olores, turbidez, manchas resbaladizas, así como una mayor demanda de cloro. [(2)] **Eliminar** estas especies de naturaleza compleja con un algicida específico es una tarea difícil. Algunos alguicidas funcionan mejor en un tipo de algas que en otro. Las algas planctónicas de agua limpia flotan en la superficie. Otros tipos se adhieren a puntos ásperos en las paredes y el suelo de la piscina y son muy difíciles de eliminar.

Agentes sanitarios / esterilizadores

La esterilización del agua de las piscinas y parques acuáticos se realiza generalmente mediante un gran número de agentes esterilizadores como el cloro, el hipoclorito de calcio, etc. Tal vez entre todos los agentes esterilizadores, el cloro es el más popular en el uso para aplicaciones al aire libre. Los agentes esterilizantes se emplean generalmente debido a su disponibilidad y rentabilidad. El cloro de las piscinas exteriores debe ser protegido de los efectos degradantes de las radiaciones ultravioletas. El ácido cianúrico se utiliza para este propósito en las piscinas exteriores. Sin embargo, el manejo del ácido cianúrico es difícil y por lo tanto se aconseja el uso de moléculas sintetizadas químicamente como el ácido dicloro iso cianúrico (DCCA) o el ácido tri cloro iso cianúrico - (TCCA). El TCCA disponible en el mercado se denomina TCCA 90, que contiene un 90% de cloro disponible. [10]
Las ventajas y desventajas del TCCA 90 [3] se indican a continuación:

Ventajas:	**Desventajas:**
Estabilizado - el cloro no se disipa	El costo es ligeramente mayor
Fácil de manejar	Baja el pH - pH 2.8
Alimentadores de erosión de bajo costo y mantenimiento	Reduce la alcalinidad total
Altamente concentrado - 90% de cloro disponible	Puede elevar los niveles de ácido cianúrico
Se disuelve completamente, con muy pocos residuos.	

Dureza

La dureza se refiere a la cantidad de saturación mineral de calcio y magnesio en el agua de la piscina que se puede reducir en una piscina por dilución o drenaje y rellenado, de modo que se mantiene en el rango ideal de 250 - 400 ppm. Si el nivel de calcio es bajo, entonces necesita añadir cloruro de calcio para aumentar el nivel de dureza, de lo contrario el agua tiende a extraer lo que necesita del yeso, el hormigón, la lechada, el revestimiento vinílico o cualquier otra cosa para satisfacer la demanda. [4] La dureza del calcio es sensible a la temperatura, cuanto más alta es la temperatura más probable es que se precipite fuera de la solución.

Temperatura

La temperatura del agua es otro factor importante en la química de las piscinas. El agua a alta temperatura tiene una mayor tendencia a la formación de incrustaciones que el agua a temperaturas más bajas. Dependiendo del uso que se le dé a la piscina, suele dictar la temperatura deseada. Los spas nunca deberían estar a temperaturas superiores a los ^{400} C. Las piscinas recreativas suelen estar a una temperatura cercana a la del ambiente o a la de 28 a ^{300} C. [(4)]

Sólidos Disueltos Totales (TDS)

El TDS es la suma de todos los materiales disueltos en el agua. Cualquier cosa que se añada al agua de la piscina aumentará el total de sólidos disueltos (TDS). Sin embargo, el TDS es el menos preocupante de los factores a controlar. Algunos sólidos disueltos no tienen un efecto adverso en la piscina. Por ejemplo, si se tiene un generador de cloro (sistema de agua salada) en la piscina, entonces la piscina se llena con cloruro de sodio o sal de mesa ordinaria. Estos son muy solubles y no crean un efecto adverso a menos que se utilicen mal.

Cuando el TDS sube en el rango de alrededor de 1500-2000 ppm puede ser el momento de drenar y rellenar la piscina. Los TDS elevados causan condiciones de agua nublada y turbia, dificultad para mantener el equilibrio del agua, reducción de la actividad del desinfectante y formación de espuma. [(4)].

Factores que afectan a las piscinas y parques acuáticos

Como el sistema de una piscina comienza como un agujero en el suelo, sin ningún movimiento de agua, es una estructura artificial. En consecuencia, carece de los tres purificadores que protegen la calidad del agua [5] en los cuerpos de agua naturales:

i) Aireación - Este es el proceso de adición de oxígeno al agua, y resulta del flujo continuo de agua a través de lagos, arroyos y ríos.

ii) Dilución de los sedimentos - Esto también resulta del flujo continuo de agua.

iii) Prevención de la acumulación de contaminantes - Esto ocurre cuando el flujo de agua causa movimiento y dilución, mientras que los organismos acuáticos contribuyen a la biodegradación.

Como las piscinas son estructuras artificiales con agua estancada, se convierten en almacén de muchas enfermedades. La enfermedad más común causada por las piscinas es la diarrea. Una persona con diarrea puede contaminar fácilmente toda la piscina con materia fecal. La diarrea se propaga cuando los nadadores ingieren el agua contaminada de la piscina. Además, las piscinas son usadas por una variedad de personas con diferentes condiciones de salud y por lo tanto son más susceptibles a la infección de bacterias oportunistas de visitantes ocasionales y grupos de bañistas.

Aportaciones de detergentes, jabones y bañadores

Entre los agentes químicos derivados de los baños, jabones y detergentes y lixiviados de cosméticos contribuyen mucho a la contaminación. Los compuestos de nitrógeno que provienen de las secreciones de la piel como el sudor contienen amoníaco, aminoácidos y urea en la medida de 1 gramo/litro. Una cantidad similar de compuestos de nitrógeno se libera de la orina. El promedio de liberación de orina por los bañistas es de 25 a 30 ml por persona, que puede aumentar hasta 100 ml por persona con trastornos como la diabetes, etc. [2] Los compuestos de nitrógeno, especialmente el amoníaco, reaccionan con los agentes de saneamiento libres para formar diversos productos de despedida perjudiciales.

Compuestos de nitrógeno

Los principales compuestos de nitrógeno que afectan a la calidad de las piscinas y parques acuáticos son las monocloraminas y los trihalometanos.

Cloraminas

Son productos de despedida comunes en el agua de las piscinas. La monocloramina dicloramina (NHCl2) y la tricloramina (NCl3) se producen añadiendo cloro a una solución que contiene amoníaco, añadiendo amoníaco a un

solución que contiene cloro residual libre o añadiendo soluciones premezcladas de amoníaco y cloro al agua. La producción de monocloramina, dicloramina y tricloramina depende en gran medida del pH, la relación entre cloro y amoníaco-nitrógeno y, en menor medida, de la temperatura y el tiempo de contacto. El pH entre 7,5 y 9,0 aproximadamente es óptimo para la formación de monocloraminas, el pH ideal es de 8,3. En general, las cloraminas son oxidantes más débiles que el cloro libre. La luz ultravioleta agota sólo el cloro libre, mientras que las cloraminas parecen ser bastante estables a la luz del sol. [(6)]

Trihalometanos

La cloración de la piscina da lugar a la formación de muchos productos de despedida, siendo los trihalometanos y el cloroformo los más abundantes. Los trihalometanos se pierden en la superficie de la piscina y se encuentran en el aire sobre la piscina y la estructura circundante. María y el equipo[(7)] durante sus experimentos observaron que las concentraciones de cloroformo en las muestras de aire ambiental mientras la piscina estuvo en uso por cerca de 9 hrs. está en el rango de 180 microgramos por metro cúbico.

Las concentraciones urinarias de cloroformo promediaron de 0,123 a 0,165 microgramos por litro antes de entrar en la piscina a 0,342 - 0,404 microgramos por litro después de salir de la piscina. El grave aumento de la excreción urinaria de cloroformo confirma que la fuente de contaminación es el agua de la piscina. Como el cloroformo es un material tóxico y posiblemente cancerígeno, estas conclusiones experimentales plantean un grave problema a los usuarios de las piscinas. La orina y las bacterias contienen aminas que se unen al cloro para reducir su eficacia. [(8)]

Contaminaciones microbianas

El riesgo de enfermedad o infección asociado a las piscinas, balnearios y entornos acuáticos recreativos similares se ha vinculado a la contaminación fecal del agua debido a las heces liberadas por los bañistas o a la fuente de agua contaminada. [18)] Muchos de los brotes relacionados con las piscinas se han producido porque la desinfección se aplicó mal o no se aplicó en absoluto. La mayoría de los brotes relacionados con piscinas que se han notificado han sido causados por virus; sin embargo, recientemente los brotes notificados se han asociado más frecuentemente con bacterias y protozoos. [5]. La Shigella y la Escherichia coli son dos bacterias estrechamente relacionadas que recientemente se han vinculado a brotes de enfermedades asociadas con la natación en piscinas. Los síntomas de la infección por E. coli incluyen diarrea con sangre, así como vómitos y fiebre en los casos más graves. [5]

Los operadores de piscinas ayudan a prevenir la contaminación fecal de las mismas fomentando el uso de duchas y baños previos a la natación y confinando a los niños pequeños a piscinas lo suficientemente pequeñas para que se drenen en caso de que ocurra un incidente de este tipo. La educación de los padres de los niños pequeños y de otros profesionales de la recreación en relación con el buen comportamiento higiénico en las piscinas es otro enfoque que puede resultar útil para mejorar la seguridad sanitaria en las piscinas.

Además de los organismos entéricos patógenos, en los entornos de aguas recreativas pueden transferirse varios organismos infecciosos no entéricos a través de la excreción humana (por ejemplo, de las descargas de saliva o de moco). Los usuarios infectados pueden contaminar directamente el agua de las piscinas y las superficies de los objetos o materiales de una instalación con patógenos primarios (en particular, virus u hongos) en cantidades suficientes que, en consecuencia, provocan infecciones cutáneas y de otro tipo en los usuarios que entran en contacto con el agua o las superficies contaminadas. [22]

Factores que restauran la química del agua equilibrada

Varios factores para restablecer una calidad de agua equilibrada en piscinas y parques son los siguientes:

Rutas de exposición a sustancias químicas y peligros químicos

Las sustancias químicas que se encuentran en el agua de las piscinas incluyen las relacionadas con el tratamiento del agua, tanto los desinfectantes en sí como los productos secundarios que se producen a partir de las reacciones químicas entre los desinfectantes y el material orgánico o inorgánico del agua de la piscina, junto con las que aportan los nadadores, incluidos los residuos de jabón, los lixiviados de cosméticos, el aceite bronceador, el sudor y la orina. Para el tratamiento del agua de la piscina se utilizan diversos desinfectantes, lo que produce una variedad de productos de despedida. Los trihalometanos son importantes subproductos de los desinfectantes de cloro, El principal constituyente entre los trihalometanos en las piscinas de agua dulce es el cloroformo.

Los trihalometanos también se han medido en el aire porque son volátiles y se vaporizan en el agua de las piscinas. Cuanto más alta es su presión de vapor y su concentración en el agua, más fácilmente escapan al aire sobre las piscinas. Otros factores que favorecen el transporte de trihalometanos en el aire son la baja solubilidad del agua, las temperaturas más altas del agua, la mayor superficie de contacto entre el agua de la piscina y el aire que está encima de ella, la turbulencia del agua causada por los movimientos de los bañistas. Las piscinas interiores permiten una acumulación de trihalometanos en el aire que no se produciría en las piscinas exteriores. Las concentraciones de aire medidas generalmente disminuyen al aumentar la altura sobre la superficie de la piscina.

Hay tres vías principales de exposición a los productos químicos en el agua de las piscinas: la inhalación de solutos volátiles o en aerosol, el contacto dérmico y la ingestión directa del agua. La exposición por inhalación está controlada por las concentraciones de agua, la turbulencia, las propiedades de transferencia de masa, las concentraciones en el aire, el tiempo en las proximidades de la piscina y la actividad física, que afectará a la frecuencia respiratoria y otros factores. La exposición dérmica será una función de la superficie corporal, el tiempo en el agua, las concentraciones de agua y la permeabilidad de la piel. La ingestión directa es probablemente la menor de las fuentes de exposición, ya que se limita a la cantidad de agua que se ingeriría y a la concentración química. Las cargas corporales aportadas por la ingestión, el contacto dérmico y la inhalación son difíciles de distinguir experimentalmente.

Gestión de la calidad del agua y del aire

La gestión de los peligros microbiológicos y químicos asociados a los entornos de las piscinas puede reducir al mínimo sus efectos. Las duchas previas a la natación eliminarán los restos de sudor, orina, materia fecal, cosméticos, aceite bronceador y otros posibles contaminantes del agua. El resultado será un agua de piscina más limpia, una desinfección más fácil utilizando cantidades más pequeñas de productos químicos y un agua más agradable para nadar. Las duchas previas a la natación deben ir desde los vestuarios hasta la piscina, pueden ser continuas para fomentar el uso y deben correr hacia los residuos. El agua suministrada para las duchas debe ser de calidad de agua potable. Se debe alentar a todos los usuarios a usar los baños antes de bañarse para minimizar la micción en la piscina. Estos requisitos de calidad del agua sólo pueden cumplirse mediante una combinación óptima de los siguientes factores: desinfección/saneamiento (para destruir o eliminar los microorganismos infecciosos de modo que el agua no pueda transmitir agentes biológicos que produzcan enfermedades); hidráulica de la piscina (para garantizar una distribución óptima del desinfectante en toda la piscina); tratamiento adecuado (para eliminar los contaminantes y los microorganismos); y adición de agua dulce a intervalos frecuentes para diluir las sustancias que no pueden eliminarse mediante el tratamiento del agua.

Sin embargo, la desinfección y el tratamiento no eliminarán todos los contaminantes. El diseño de una piscina debe reconocer la necesidad de diluir el agua de la piscina con agua dulce. La dilución limita la acumulación de contaminantes procedentes de los bañistas (por ejemplo, los constituyentes del sudor y la orina) y de otros lugares, los subproductos de la desinfección y otros diversos productos químicos disueltos. [31)] Los operadores de piscinas deberían sustituir el agua de las piscinas como parte habitual de su régimen de tratamiento del agua.

Encuesta sobre la literatura

Hemos realizado una amplia encuesta sobre la literatura sobre el tema, incluyendo manuales de operación y mantenimiento de piscinas y parques acuáticos en estudio. Sin embargo, como se mencionó anteriormente no ha habido ningún estudio sobre las condiciones de la ciudad de Nagpur / India Central sobre el saneamiento de las piscinas. La siguiente labor de diversos investigadores había sido útil para comprender el alcance y la amplitud de la labor realizada y la que se iba a realizar.

Lehr L Eugene, Johnson C Charles [14] fue pionero en el trabajo sobre la calidad del agua de las piscinas. Ellos han estudiado extensamente y han concluido que para no tener quejas de los nadadores, con conjuntivitis, resfriados e infecciones de los senos nasales de particular preocupación, infección de gonococos en los ojos, picazón de los nadadores y enfermedades gastrointestinales , ellos abogan por que ciertas regulaciones a esto se lleven a cabo y también sugieren la supervisión por parte de las autoridades de salud a través de investigaciones y experiencias adicionales.

Fitzgerald G. P y otros, [15] reconfirmaron que estos organismos, denominados patógenos e incluyen bacterias, hongos, virus, etc., pueden ser eliminados eficazmente mediante un proceso de saneamiento adecuado y apropiado, después de mantener una química del agua adecuada

Johannes Edmund Wajon, J Carell Morris, [13] realizó el análisis del cloro libre en presencia de un compuesto orgánico nitrogenado. Examinaron el sistema de cloro acuoso de ácido cianúrico y mostraron que el cloro combinado reaccionaba como si fuera cloro libre en todos los métodos estándar. La implicación de estos estudios para la cloración de aguas y aguas residuales es que en las aguas que contienen compuestos orgánicos nitrogenados, se forman compuestos de *N*- Cloro que pueden dar lugar a una sobreestimación del potencial de desinfección del cloro añadido, cuando se mide el cloro libre mediante métodos estándar.

Bruce y otros, [17] realizaron experimentos en piscinas municipales y piscinas para niños y llegaron a la conclusión de que para la presencia de virus entéricos humanos utilizando un concentrador de virus portátil en el lugar para concentrar los virus de las muestras recogidas se aislaron enterovirus de las piscinas incluso con una concentración de cloro residual de 0,4 ppm. Esto indica una mayor incidencia de infección por enterovirus entre los bañistas.

Milton R. Sommerfed y Richard P.Admson (9) estudiaron la influencia de la concentración del estabilizador en la eficacia del cloro como algicida. El ácido cianúrico utilizado como estabilizador de cloro en el agua de las piscinas, tiene un efecto relativamente menor en la eficacia alguicida del cloro libre. La toxicidad del cloro libre para las algas de las piscinas se redujo ligeramente en 25 mg de ácido cianúrico por litro en la inhibición, pero se empleó una concentración de cloro menor que la de las algas. Una mayor concentración de estabilizante (50, 100, 200 mg/litro) en general no produjo ninguna otra reducción de la eficiencia alguicida del cloro libre más allá de la observada en 25 mg/litro. Judd, S J, Bulluck G. [12] explican el destino del cloro y de los materiales orgánicos en las piscinas de manera muy completa. El estudio utilizó un análogo de fluidos corporales (BFA), que contiene los compuestos orgánicos amino endógenos primarios, y un análogo de la suciedad representado por el ácido húmico (HA). El sistema se utilizó para examinar el efecto de la carga orgánica y las fuentes de carbono orgánico (OC) (es decir, amino o HA) en los niveles y la especiación de los principales subproductos de la desinfección con cloro de los trihalometanos y las cloraminas en las condiciones de funcionamiento empleadas en una piscina a gran escala.

H, Nisakorn T, Chatana U,Wichaya R. [11], estudiaron el efecto del desinfectante de ácido tricloroisocianúrico llenado en el agua de la piscina y concluyeron que la temperatura no tenía ningún efecto en todos los estudios de parámetros de la efectividad del TCCA usado en la piscina en Tailandia , y encontraron que el valor del pH era tan bajo como 3.0 . A este nivel, el bicarbonato de sodio debería utilizarse para elevar el pH hasta 7,2 a 7,5.

Atallah Rabil, Yousef Khader, Ahmed Alkafajeil y Ashraf Abu Aqoulah [16] estudiaron en detalle las piscinas de Jordania. El estudio se llevó a cabo en el verano de 2005 e investigó todas las piscinas públicas activas (85 de 93) de Ammán, la capital de Jordania. El objetivo de este estudio era averiguar si estas piscinas cumplen las normas jordanas para el agua de las piscinas (JS 1562/2004). Las piscinas fueron estudiadas en relación con la calidad microbiana del agua y otros parámetros fisicoquímicos indicados en las normas. Se recogieron dos muestras de cada piscina para el análisis microbiano y la vigilancia de las piscinas se llevó a cabo durante la tarde de los fines de semana, cuando las piscinas se utilizaban con mayor frecuencia. Los resultados indicaron un cumplimiento general deficiente de las normas. La conformidad del agua de las piscinas con los parámetros microbianos fue del 56,5%, el cloro residual del 49,4%, el pH del 87,7%, la temperatura del agua del 48,8% y la carga de baño del 70,6%.

Los resultados también indicaron que la calidad microbiana del agua se deterioraba con el tiempo. El análisis multivariado mostró una asociación significativa de la contaminación del agua con el tiempo de recogida de la muestra, el cloro residual, la temperatura del agua y la carga de los bañistas. El escaso cumplimiento se atribuyó a la falta de una desinfección adecuada, de capacitación del personal, de un mantenimiento apropiado y de una inspección oportuna. El estudio recomienda:

1. Se debe utilizar un procedimiento de inspección mejor y más estricto por parte del Ministerio de Salud. La inspección debe realizarse durante los fines de semana y los días festivos, cuando las piscinas son más utilizadas.
2. Manteniendo el equilibrio adecuado de la química del agua de la piscina, especialmente la cloración del agua.
3. Vigilancia continua de los indicadores de calidad del agua (cloro residual libre y temperatura), especialmente cuando el número de nadadores aumenta a más de 20 en la piscina.
4. Proporcionar señales educativas para aconsejar a los bañistas que (1) se laven las manos con agua y jabón después de usar el baño, (2) lleven a sus hijos al baño antes de entrar en la piscina y (3) se abstengan de nadar cuando tengan diarrea o una enfermedad infecciosa.

Objetivos

Nagpur, popularmente conocida como la ciudad naranja, está situada en el centro del corazón de la India y su lejanía del mar es responsable de las condiciones climáticas secas y húmedas que se mantienen constantes durante la mayor parte del año. Experimenta principalmente tres estaciones principales: la estación de lluvias (con alta humedad y baja temperatura); el invierno (baja humedad, baja temperatura) y el verano (alta temperatura, baja humedad). El clima de Nagpur es testigo de un clima muy caluroso durante los meses de verano que se extiende prácticamente durante unos cinco o seis meses. Alcanza su punto culminante en el mes de mayo. Los vientos secos soplan haciendo que el clima sea abrasador. Casi durante todo el verano, la temperatura se mantiene por encima de los ^{400} C. A veces puede llegar a los ^{480} C. Para conseguir algún tipo de alivio del calor abrasador, casi todo el mundo, independientemente de la edad, quiere saltar a una piscina fresca y refrescante para relajarse y disfrutar. Esto ha dado lugar a un número de piscinas y parques acuáticos en la ciudad y sus suburbios.

La revisión de la literatura reveló que más del 60 % de los bañistas, por una u otra razón, sufren problemas de salud relacionados con la piel, los ojos, etc. [16] y los propietarios de piscinas y parques acuáticos les proporcionan alivio en cierta medida tratando el agua con agentes clorados. El HOCl es un fuerte agente oxidante que ayuda a matar casi todos los patógenos. Sin embargo, se descompone rápidamente por la radiación UV. Esta descomposición necesita ser prevenida para restaurar su capacidad de matar los patógenos.

Si bien la eficacia del ácido cianúrico ha quedado bien establecida como estabilizador del cloro, hasta ahora no se ha realizado ningún estudio sobre el efecto de los agentes de cloración y su protección contra la radiación ultravioleta en combinación con el ácido tricloroisocianúrico, el 90% (TCCA) [28] en condiciones climáticas extremas como en la región de Nagpur en varias estaciones para evaluar su eficacia en los aspectos ambientales, la evaluación del rendimiento y la química del agua equilibrada con especial referencia a la piscina y los parques acuáticos. Como no se ha informado de ningún trabajo sobre el tema de esta tesis, se consideró que valía la pena realizar el presente estudio. Los principales objetivos de esta investigación son los siguientes:

1. Para evaluar el rendimiento y la evaluación de los diferentes cloros agentes utilizados en piscinas que funcionan en condiciones climáticas extremas.
2. Establecer una fuente de cloración más eficaz para el saneamiento.
3. Evaluar la viabilidad y la posibilidad de realizar diferentes cloraciones

agentes.

4. Sugerir medidas correctivas para proteger a todos los nadadores (usuarios) de

los peligros para la salud asociados a la natación en piscinas insatisfactorias.

5. Para estudiar la química del agua de la piscina equilibrada resultante debido al cloro

gas, química líquida y polvo blanqueador, etc.

6. Crear conciencia sobre los resultados de la investigación entre los operadores de piscinas para

un mejor ambiente y soluciones rentables.

Trabajo actual

De los párrafos anteriores y del estudio de la literatura se desprende que es necesario un enfoque científico para educar a los operadores en la evaluación del impacto ambiental y en las eficacias alternativas de la cloración. Esto nos ha llevado a emprender el presente estudio titulado "Estudios sobre aspectos ambientales, evaluación del rendimiento y eficacia de los agentes de cloración en piscinas y parques acuáticos".

Para lograr el objetivo del presente estudio, la selección del lugar de ubicación de las piscinas y los parques acuáticos se ha hecho en las siguientes líneas:

1. Disponibilidad de piscinas y parques acuáticos alrededor de la periferia de 30 km. del lugar de trabajo de investigación.
2. Ubicación geográfica.
3. Igualdad en la duración de las estaciones.
4. Condición climática del lugar de trabajo de investigación.

La presente labor emprendida constituye una labor organizada sobre el tema. El estudio se lleva a cabo en quince piscinas y parques acuáticos, incluidas piscinas públicas, piscinas escolares, piscinas recreativas/resorts y piscinas de parques acuáticos. Aunque la dirección de la piscina ha cooperado mucho y ha sido útil para realizar experimentos en sus piscinas, teniendo en cuenta las delicadas cuestiones ambientales, los operadores de las piscinas son establecimientos comerciales privados; la confidencialidad de los propietarios se ha mantenido intacta mediante la asignación de códigos de piscina como se muestra a continuación:

El Sr. No.	Descripción de la piscina	Código de la piscina	Capacidad de la piscina en litros	Observaciones
	Piscinas del Grupo I			
01	Piscinas del parque acuático	AB 01	350,000	Gas de cloro operado
02	Piscinas del parque acuático	AB 02	300,000	Gas de cloro operado
03	Piscinas del parque acuático	AB 03	500,000	Gas de cloro operado
04	Piscinas del parque acuático	AB 04	400,000	Gas de cloro operado
05	Piscinas públicas	KR 15	600,000	Intentado con TCCA 90
	Grupo II Piscinas			
06	Piscinas del parque acuático	AB 05	300,000	Cloro líquido operado
07	Piscinas del parque acuático	PK 06	400,000	Cloro líquido operado
08	Piscinas del parque acuático	PK 07	500,000	Cloro líquido operado
09	Piscina del complejo turístico	PC 13	350,000	Intentado con TCCA 90
10	Piscinas públicas	CG 14	600,000	Cloro líquido operado
	Grupo III Piscinas			
11	Piscinas del parque acuático	PK 08	200,000	Polvo blanqueador operado
12	Piscinas del parque acuático	PK 09	300,000	Polvo blanqueador operado
13	Piscinas públicas	CT 10	400,000	Polvo blanqueador operado
14	Piscinas públicas	CT 11	600,000	Intentado con TCCA 90
15	Piscinas públicas	CT 12	500,000	Polvo blanqueador operado

De ello se desprende que el método de saneamiento que utiliza agentes clorados como el polvo blanqueador, etc. y su conversión en piscinas operadas con TCCA recibiría una atención considerable. Los capítulos 2 y 3 destacan este aspecto en mayor medida. Los capítulos 4, 5, 6 y 7 se deben a los trabajos experimentales realizados para alcanzar los objetivos del presente estudio. El último capítulo, titulado "Epílogo" de esta tesis, expone el resumen y el logro de los trabajos realizados.

CAPÍTULO 2

PELIGROS AMBIENTALES Y DE SALUD EN PISCINAS PÚBLICAS Y PARQUES ACUÁTICOS

Introducción

La natación es una de las actividades deportivas recreativas más populares y se considera una buena forma de realizar una actividad física aeróbica regular necesaria para una vida sana. Las personas disfrutan más del ejercicio en el agua que en tierra, ya que pueden hacer ejercicio durante más tiempo en el agua que en tierra sin aumentar el esfuerzo o el dolor muscular. Por lo tanto, es un hecho bien aceptado que los nadadores disfrutan más de la actividad recreativa en toda su extensión sin ningún peligro y otros problemas aliados en comparación con otras personas. En las piscinas y parques acuáticos recreativos se encuentran diversos microorganismos que pueden introducirse de diversas maneras. En muchos casos, el riesgo de enfermedad o infección se ha vinculado a la contaminación fecal del agua. La contaminación fecal puede deberse a las heces liberadas por los bañistas o a una fuente de agua contaminada o, en las piscinas al aire libre, puede ser el resultado de la contaminación directa de los animales (por ejemplo, de aves y roedores). La materia fecal se introduce en el agua cuando una persona tiene una liberación fecal accidental o la materia fecal residual en el cuerpo de los bañistas se lava en la piscina. [(24)]
Los patógenos oportunistas (en particular las bacterias) también pueden desprenderse de los usuarios y transmitirse a través de las superficies y el agua contaminada. Algunas bacterias, sobre todo las de origen no fecal, pueden acumularse en biopelículas y presentar un riesgo de infección. [36)] Además, ciertas bacterias acuáticas de vida libre y amebas pueden crecer en piscinas o en otras superficies húmedas dentro de la instalación hasta un punto en el que algunas de ellas pueden causar diversas infecciones o enfermedades respiratorias, dérmicas o del sistema nervioso central. Las piscinas exteriores también pueden estar sujetas a microorganismos derivados directamente de mascotas y de la fauna silvestre.

En los últimos decenios se han hecho esfuerzos considerables para asignar la viabilidad de la vigilancia de los productos químicos y sus peligros conexos en las masas de agua utilizadas para actividades recreativas como la natación. Esto inspiró a muchos investigadores a estudiar los peligros para el medio ambiente y la salud en piscinas públicas y parques acuáticos. [(41)]

En este capítulo se contempla el aspecto teórico para comprender la vigilancia de los productos químicos y sus peligros asociados en las piscinas y parques acuáticos seleccionados para este estudio. [30]
Las directrices de la OMS sobre los entornos de agua recreativa segura describen el estado actual de los conocimientos relativos a los peligros asociados al uso recreativo de piscinas, balnearios y entornos acuáticos recreativos similares: pacíficamente, las lesiones y los peligros físicos, la contaminación microbiológica y la exposición a sustancias químicas. También se examina la vigilancia de los parámetros físicos, químicos y microbiológicos relacionados con la salud, como medidas que pueden adoptarse para reducir los riesgos asociados a los peligros que se encuentran en los entornos acuáticos recreativos. [5]

Como se ha mencionado anteriormente, los agentes químicos derivados de los bañistas incluyen compuestos de nitrógeno, especialmente amoníaco, que reaccionan con los desinfectantes de pago para formar diversos productos de despedida. [42] Los compuestos de nitrógeno que provienen de las secreciones de la piel como el sudor contienen amoníaco, aminoácidos y urea en la medida de 1 gramo / litro. Una cantidad similar de compuestos de nitrógeno se libera de la orina. El promedio de liberación de orina de los bañistas es de 25 a 30 ml por persona, que puede aumentar hasta 100 ml por persona con trastornos como la diabetes, etc.

Ingestión de agua durante la natación [44]

Si bien las directrices de la OMS suponen que se ingieren de 20 a 50 ml de agua por hora de natación, durante un estudio realizado en los Estados Unidos se observó que los no adultos ingieren el doble de agua que los adultos durante la actividad de natación. La cantidad media de agua ingerida por los no adultos es de 37 ml y por los adultos es de 16 ml respectivamente. [14].

Exposición a los principales subproductos de la desinfección

La ocurrencia y concentración del número de desinfectantes por - productos puede ser: **Trihalometanos.** La cloración de la piscina lleva a la formación de muchos subproductos, siendo el cloroformo el más abundante. Los trihalometanos se pierden en la superficie de la piscina y se encuentran en el aire sobre la piscina y la estructura circundante. María y el equipo [7] durante sus experimentos observaron que las concentraciones de cloroformo en las muestras de aire ambiental mientras la piscina estuvo en uso durante unas 9 horas está en el rango de 180 microgramos por metro cúbico. Las concentraciones urinarias de cloroformo promediaron de 0,123 a 0,165 microgramos por litro antes de entrar en la piscina a 0,342 - 0,404 microgramos por litro después de salir de la piscina. El grave aumento de la excreción urinaria de cloroformo confirma que la fuente de contaminación es el agua de la piscina. Como el cloroformo es una sustancia tóxica y posiblemente cancerígena, estas conclusiones experimentales plantean un grave problema a los usuarios de las piscinas. La orina y las bacterias contienen aminas que se unen al cloro y reducen su eficacia. [13]

Cloraminas, cloruros y cloratos [45]

En Francia se estudió la exposición a las cloraminas en la atmósfera de las piscinas cubiertas en respuesta a las quejas de irritación de los ojos y las vías respiratorias por parte de los encargados de las piscinas. Se encontró una concentración de hasta 0,84 mg/ m3 y ese nivel generalmente es más alto en las piscinas con actividades recreativas como toboganes y fuentes. Se analizó la concentración de clorito y clorato en las piscinas y se encontró que, si bien el clorito no era detectable, la concentración de clorato variaba de 1 mg / litro a, en un caso extremo, 40 mg / litro. También se encontró una concentración de clorato de hasta 140 mg/litro. La concentración de clorato en la piscina desinfectada con cloro estaba cerca del límite de 1 mg / litro, pero la concentración media de clorato iónico hipoclorito de sodio desinfectado en la piscina era de unos 17 mg / litro.

Peligros asociados al gas cloro

El gas cloro se ha utilizado tradicionalmente como fuente de desinfección. Sin embargo, los peligros para la salud asociados al cloro gaseoso son elevados y, por lo tanto, los propietarios de piscinas deben recurrir a sistemas de desinfección alternativos y eficaces, como los isocianuratos. El incidente ocurrido en una casa club de Singapur en 2006, en el que se produjo una fuga de gas de cloro de una casa de bombas, que dio lugar a la fuga de humos del sótano y que afectó a 500 personas, es una lección para todos los propietarios de piscinas que utilizan gas de cloro. Si bien durante el incidente mencionado la totalidad de las 500 personas fueron evacuadas inmediatamente, 28 personas que experimentaban mayores dificultades para respirar fueron trasladadas a hospitales locales y 26 personas recibieron atención médica por su cuenta por parte de sus expertos médicos privados.

La corrosión de los dientes debido al bajo pH del agua

La concentración adecuada de cloro libre para matar el 100 % de *E Coli* y enterobacterias a la vez es de 1,5 mg/litro , y para mantener este cloro residual libre en el rango de 1 a 3 mg/litro , se requiere un nivel de pH de 7,2 a 7,6 sujeto a las condiciones climáticas . Sin embargo, al ajustar la concentración de TCCA se creó un pH más bajo de 3,00 y se observó que los nadadores muestran una fuerte corrosión y descamación de los dientes. Posteriormente, el pH del agua se elevó al rango requerido añadiendo bicarbonato de sodio, carbonato de sodio, hidróxido de sodio. [(19)]

La natación y el asma infantil

Estudios recientes han explorado el potencial de los productos de desinfección de piscinas, que son irritantes respiratorios que causan asma en los niños pequeños. [(21)] La natación en la infancia y la nueva aparición del asma de capucha infantil tienen claras implicaciones para la salud pública. Sin embargo, la evidencia actual de una asociación entre la natación infantil y el asma de nueva aparición es sugerente y no concluyente. [(1)] Sin embargo, en particular, la natación de bebés en piscinas tratadas con cloro es altamente cuestionable. [(4)]

Posible remedio

El tratamiento del agua de las piscinas en general incluye la floculación, la filtración de arena y la posterior desinfección con agentes sanitarios como el cloro. La cloración continua y el aporte orgánico de los bañistas en combinación con la recirculación del agua de la piscina conduce a una acumulación de subproductos de la desinfección en el agua de la piscina, que se consideran cancerígenos y responsables del asma alérgica. La eliminación de los subproductos de la desinfección mediante un método de filtración por membrana de dos pasos es posible para reducir alrededor de un 30 % los productos de desinfección en las piscinas. [(5)]

Se ha establecido que a un pH de 7.0 con *Staphylococcus aureus* como organismo de prueba y una concentración de 0.25 mg / litro de ácido cianúrico para afectar a un 99 % de muerte fue de 0.5 minutos. [12)] También se ha establecido que pueden requerirse mayores concentraciones de cloro en presencia de ácido cianúrico para lograr una muerte del 99% que en ausencia de ácido cianúrico. [(29)]

Todos estos desafíos pueden ser enfrentados a través de una combinación de los siguientes factores:

1. Tratamiento (para eliminar partículas, contaminantes y microorganismos), incluida la filtración y desinfección con desinfectantes eficaces para un

saneamiento adecuado (para eliminar / inactivar los microorganismos infecciosos.

2. Hidráulica de la piscina (para asegurar la distribución efectiva del desinfectante
en toda la piscina, una buena mezcla y la eliminación del agua contaminada.

3. Adición de agua dulce a intervalos frecuentes (para diluir las sustancias que
no se puede eliminar del agua mediante tratamiento.

4. Limpieza (para quitar las biopelículas de las superficies, los sedimentos de la piscina
suelo y partículas absorbidas para filtrar los materiales.

5. Ventilación de piscinas cubiertas (para eliminar la desinfección volátil subproductos.

CAPÍTULO 3

MÉTODOS DE SANEAMIENTO DE PISCINAS Y PARQUES ACUÁTICOS

Introducción

El presente capítulo, Métodos de saneamiento en la práctica para piscinas y parques acuáticos, abarca básicamente los estudios y la metodología experimentales. El saneamiento es el proceso de destrucción de organismos que son dañinos para las personas. Estos organismos, llamados patógenos, incluyen bacterias, hongos, virus, etc. La cloración también controla las algas que no suelen ser perjudiciales en sí mismas, pero que albergan organismos patógenos. En la práctica, los siguientes métodos de saneamiento se aplican en piscinas y parques acuáticos. [27]

Cloración

La cloración es el método de saneamiento más utilizado en piscinas y parques acuáticos. Todo el cloro -independientemente de si se introduce como gas o como un compuesto seco o líquido cuando se añade al agua- hace exactamente lo mismo: forma ácido hipocloroso (HOCl) e iones hipoclorito (OCl-). El HOCl es la forma asesina del cloro; el OCl- es relativamente inactivo. Sin embargo, juntos, son cloro libre disponible (FAC). El HOCI es un químico extremadamente activo y poderoso. No sólo destruye organismos dañinos como bacterias, algas, hongos, virus, etc., sino que también destruye las impurezas que no se eliminan por filtración. Estos dos procesos se llaman saneamiento y oxidación. [25].

Cloración de punto de ruptura

Cuando se sabe que hay cloraminas presentes, ya sea por prueba o por un olor fétido a cloro, la adición continuada de cloro causa un aumento correspondiente en los residuos de cloro medibles, pero eventualmente se llega a un punto en el que la adición de cloro causa una caída repentina de los residuos. La investigación revela que cuando la concentración total de cloro en el agua alcanza incluso hasta siete o diez veces la cantidad de cloro combinado, la oxidación de las cloraminas y otros compuestos orgánicos es completa. El punto de concentración residual en el que se produce esta repentina reacción se denomina punto de ruptura. El cloro que queda o que se añade después de alcanzar el punto de ruptura; existe como cloro residual libre, y todo el residual combinado se oxida. El punto de ruptura varía en su velocidad y amplitud, dependiendo de la materia orgánica presente. En algunas aguas, el punto de ruptura es apenas perceptible. (43)

Fuentes de cloro

El desinfectante más utilizado para las piscinas es el cloro. En su forma elemental, el cloro es un gas amarillo verdoso pesado que es tan tóxico que ha sido utilizado como arma en la guerra química. Debido al altísimo potencial de lesiones o muerte por el uso inadecuado del gas cloro, se han formulado una serie de compuestos de cloro para proporcionar cloro en formas que pueden ser manejadas y utilizadas con seguridad por los operadores de piscinas. 19) Las siguientes formas de cloro se utilizan comúnmente en las piscinas:

Gas de cloro : La forma gaseosa de cloro con el 100% de cloro disponible tiene las siguientes ventajas y desventajas: (26)

Ventajas	**Desventajas**
La forma más barata de cloro	Extremadamente peligroso - más pesado que el aire, se asienta
No hay residuos de los portadores	Se necesita una sala especial para el almacenamiento de cloro
	El equipo de alimentación es caro
	Entrenamiento especial y equipo de seguridad necesarios para las operaciones
	Baja el pH, debe añadir constantemente un potenciador de pH

Debido a los peligros especiales asociados con el uso del cloro gaseoso, se ha prohibido su uso en piscinas públicas en algunas partes de los Estados Unidos. Durante 2001, en la ciudad de Ontario (Canadá) se hospitalizó a unos 7.000 residentes, entre ellos siete personas fallecidas debido al mal funcionamiento de un sistema municipal de cloro gaseoso para el saneamiento. (38)

Hipoclorito de calcio:
El hipoclorito de calcio granulado con un 65% de cloro disponible tiene las siguientes ventajas y desventajas:

Ventajas	Desventajas
Relativamente barato Puede ser mezclado en la solución para las bombas de alimentación	No se estabiliza - puede perder fuerza si no está bien cubierto No se disuelve completamente - deja residuos El pH alto (11,7) eleva el pH de la piscina Altamente reactivo - puede causar incendios

El hipoclorito de calcio de disolución lenta proporciona aproximadamente un 45 % de cloro, pero deja residuos insolubles que deben ser filtrados para mantener la calidad del agua. Se aconseja no utilizarlo en piscinas y parques acuáticos. (39)
Hipoclorito de sodio: La lejía líquida con un 12,5% de cloro disponible tiene las siguientes ventajas y desventajas:

Ventajas	Desventajas
Junto al gas está el cloro más barato disponible	Voluminoso y pesado...
No es necesario disolverlo - no hay residuos	No estabilizado - pierde fuerza rápidamente
Puede utilizarse con bombas de alimentación química	El pH alto (10-13) eleva el pH de la piscina

Polvo blanqueador: El grado comercial disponible en el mercado con un 33 a 34% de cloro disponible tiene las siguientes ventajas y desventajas: (40)

Ventajas **Desventajas**
Relativamente baratoDifícil de disolver Disponible localmente Deja residuos

Aumenta el pH del agua de la piscina

Ácido tricloroisocianúrico TCCA - 90: El TCCA granulado con un 90% de cloro disponible tiene las siguientes ventajas y desventajas: [23]

Ventajas	Desventajas
Estabilizado - el cloro no se disipa	El costo es ligeramente mayor
Fácil de manejar	Baja el pH - pH 2.8
Alimentadores de erosión de bajo costo y mantenimiento	Reduce la alcalinidad total
Altamente concentrado - 90% de cloro disponible	Puede elevar el cianúrico los niveles de acidez
Se disuelve completamente, con muy pocos residuos.	

Detalles de la piscina

El presente trabajo realizado proporciona un trabajo organizado sobre el tema de la tesis. Hemos seleccionado 15 piscinas y parques acuáticos, incluyendo piscinas públicas, piscinas escolares, piscinas recreativas y piscinas de parques acuáticos. Sin embargo, el problema ambiental es de naturaleza seria y como los operadores de las piscinas son establecimientos comerciales privados, la confidencialidad de los propietarios se ha mantenido intacta mediante la asignación de códigos de piscina como se muestra a continuación, aunque la gestión ha sido muy cooperativa y nos ha permitido realizar experimentos en sus piscinas. De acuerdo con los acuerdos con los propietarios de las piscinas, no estaremos en condiciones de revelar sus nombres.

Sr. No	Descripción de la piscina	Código de la piscina	Capacidad de la piscina en litros	Observaciones
	Piscinas del Grupo I			
01	Piscinas del parque acuático	AB 01	350,000	Gas de cloro operado
02	Piscinas del parque acuático	AB 02	300,000	Gas de cloro operado
03	Piscinas del parque acuático	AB 03	500,000	Gas de cloro operado
04	Piscinas del parque acuático	AB 04	400,000	Gas de cloro operado
05	Piscina pública	KR 15	600,000	Intentado con TCCA 90
	Grupo II Piscinas			

06	Piscinas del parque acuático	AB 05	300,000	Cloro líquido operado
07	Piscina del parque acuático	PK 06	400,000	Cloro líquido operado
08	Piscina del parque acuático	PK 07	500,000	Cloro líquido operado
09	Piscina del complejo turístico	PC 13	350,000	Intentado con TCCA 90
10	Piscina pública	CG 14	600,000	Cloro líquido operado
	Grupo III Piscinas			
11	Piscinas del parque acuático	PK 08	200,000	Polvo blanqueador operado
12	Piscinas del parque acuático	PK 09	300,000	Polvo blanqueador operado
13	Piscina pública	CT 10	400,000	Polvo blanqueador operado
14	Piscina pública	CT 11	600,000	Intentado con TCCA 90
15	Piscina pública	CT 12	500,000	Polvo blanqueador operado

Metodología

La forma de dosificación del cloro decide el método de su aplicación a las piscinas. El cloro gaseoso - normalmente viene en cilindros y a través de un colector común, el gas se añade a la piscina mediante la inyección en el extremo de salida / descarga de la bomba de circulación después de la filtración.

El cloro líquido viene en tambores y se añade en el lado de succión de la bomba de circulación en la piscina para una fácil disolución / mezcla.

El polvo de blanqueo viene en bolsas y se añade a la piscina ya sea por aplicación directa en la superficie de la piscina por el método de difusión o por disolución inicial en un cubo / contenedor y añadiendo en el lado de succión de la bomba de circulación para una fácil disolución / mezcla como en el líquido. TCCA - Como se requiere una pequeña cantidad de TCCA su aplicación se hace generalmente por el método de difusión.

Configuración experimental

Duración del experimento: El presente estudio abarcó 15 piscinas que representaban todas las piscinas y parques acuáticos de Nagpur y la zona periférica. Este estudio se llevó a cabo durante las siguientes temporadas. (Tabla No.)

i) Invierno 2009 (19 ene - 27 ene 2009)

i) Verano de 2009 (29 de marzo- 06 de abril de 2009)

ii) Rainy 2009 (24 Agosto - 29 Agosto 2009)

iv) Invierno 2010 (17 Ene - 22 Ene2010)

v) Verano 2010 (01 Abril - 07 Abril2010)

vi) Rainy 2010 (24 de septiembre - 30 de septiembre de 2010)

vii) Invierno 2011 (17 de enero - 23 de enero de 2011) viii)Verano 2011 (04 de abril - 10
Abril de 2011)

ix) Lluvioso 2011 (04 de septiembre - 10 de septiembre de 2011)

Recopilación de datos climáticos: Daly datos climáticos como la temperatura, la humedad relativa, la velocidad del viento, la lluvia se recogen del Departamento Meteorológico de la India, centro de Nagpur.

Evaluación de la estabilidad de las piscinas: Normalmente, la ocupación de las piscinas alcanza su punto máximo durante el período posterior al mediodía y, por lo tanto, es una práctica evaluar la estabilidad de las piscinas a partir del valor del CAA medido a las 2 PM y las 4 PM.

Conjunto de experimentos: La frase conjunto de experimentos se utiliza en esta tesis para denotar la adición de agente clorador en un período especificado y la medición del FAC posteriormente después de días especificados en un período especificado. Durante 21 series de experimentos el agente clorador se añade por la noche a las 7 PM y el FAC se mide los días siguientes a las 8 AM, 12 del mediodía, 2 PM, 4 PM y 6 PM.

Puntos de partida: Puntos de partida significa el conjunto estandarizado de parámetros de un conjunto de experimentos. Por ejemplo, la cantidad de gas cloro añadido hacia el final de los experimentos durante el invierno de 2009 se convierte en el punto de partida de referencia para los experimentos de cloración del verano de 2009. Del mismo modo, la cantidad de gas cloro añadida hacia el final de los experimentos durante el verano de 2009 se convierte en el punto de partida de referencia para los experimentos de cloración de la temporada de lluvias de 2009. Sin embargo, las observaciones del segundo día durante el conjunto de los experimentos deciden el curso de acción posterior sobre la cloración.

Condiciones experimentales: En el cuadro siguiente se indican los parámetros específicos que se debían considerar para realizar el análisis estacional de diferentes agentes clorados en diferentes condiciones climáticas de la piscina y los parques seleccionados en el marco de este estudio.

Sr. No	Parámetro	Invierno 2009	Verano 2009	Lluvioso 2009	Invierno 2010	Verano 2010	Lluvioso 2010	Invierno 2011	Verano 2011	Lluvioso 2011
01	Periodo de tiempo	19/01 - 27/01	29/03 – 06/04	24/08 - 29/08	17/01 - 22/01	01/04- 07/04	24/09 - 30/09	17/01 - 23/01	04/04 10/04	04/09 - 10/09
02	Temperatura máxima Promedio ^{0} C	33.7	41.7	31.4	28.9	41.9	44.4	28.6	41.9	30.6
03	Temperatura mínima Promedio ^{0} C	14.5	23.3	23.1	9.8	23.0	24.7	10.1	21.7	23.6
04	Pariente Humedad	33.0	28.0	87.0	38.0	28.0	67.0	30.0.	41.0	84.0
05	Velocidad del viento Km/Hr	4.2	11.3	5.3	6.0	9.7	7.1	5.4	9.1	8.3
06	Lluvias : mm	--	-	20.0	-	-	19.6 en 26 de septiembre	-	29,4 en Abril 08	9.80
07	Agente de cloración	GAS	GAS	GAS	Polvo de lejía	Polvo de lejía	Cloro líquido	Cloro líquido	Cloro líquido	Polvo de lejía

Análisis

El análisis in situ del FAC: Cloro Libre Disponible (FAC) se ha analizado utilizando un método estándar, como se hace en los establecimientos industriales/comerciales inmediatamente después de la toma de muestras. Se toman 10 ml de agua de la piscina en un tubo de ensayo seguido de la adición de 10 gotas de solución de ortotolueno. Se agita el contenido y se compara el color de la solución en el cloroscopio para obtener el valor correcto de FAC.

Análisis de otros parámetros: Otros parámetros como el pH, la alcalinidad, la dureza y el total de sólidos disueltos se analizan en los laboratorios aprobados por el Instituto/Universidad según el BIS, a las 8AM y 8PM durante el período de vigilancia.

CAPÍTULO 4

ESTUDIOS EXPERIMENTALES Y EVALUACIÓN DEL RENDIMIENTO CON UN AGENTE CLORADO GASEOSO

Introducción

Aunque el gas cloro tiene la ventaja de ser la fuente más baja / barata posible de cloro, tiene varias desventajas, incluyendo sus características de capacidad de asentamiento que crean peligros para la salud del público / de la localidad. Los residentes cercanos se han quejado de irritaciones en los ojos y la piel en las horas de la mañana. El cloro es extremadamente susceptible a la luz del sol y necesita ser monitoreado regularmente. Pero al igual que usamos protector solar para proteger nuestra piel del sol, el cloro usa un protector solar de ácido cianúrico. El ácido cianúrico también es comúnmente llamado estabilizador o acondicionador. Las formulaciones de ácido cianúrico como el TCCA se usan en piscinas al aire libre junto con los cloros inorgánicos como el hipoclorito de calcio y el gas de cloro para lograr sanitizaciones efectivas. Para llevar a cabo estudios comparativos sobre los agentes de cloración - Gas de cloro y TCCA 90; en todas las estaciones del año en piscinas y parques acuáticos de la región de Nagpur" se seleccionaron cinco nos de piscinas operadas con gas de cloro codificadas como AB 01, AB 02, AB 03, AB 04 y KR 15. Se seleccionaron cuatro piscinas codificadas como AB 01, AB 02, AB 03, AB 04 para llevar a cabo estudios experimentales con gas cloro. De la misma manera, la piscina pública codificada como KR 15 fue seleccionada para llevar a cabo estudios experimentales utilizando TCCA. Los experimentos de campo se llevaron a cabo en el año 2009 en tres estaciones diferentes: la estación de lluvias (alta humedad, baja temperatura); el invierno (baja humedad, baja temperatura) y el verano (alta temperatura, baja humedad).
Para conocer la evaluación del rendimiento en el aspecto ambiental y la eficacia de los agentes clorados seleccionados, se ha adoptado el siguiente método:

- Adición del agente de cloración seleccionado en un período determinado.
- Vigilancia y determinación del CAA en un período determinado hasta que se estabilice la piscina
- Análisis de la evaluación del rendimiento de la piscina y la eficacia de determinados agentes clorados.

Invierno 2009 - Experimentación durante enero

(Temperatura máxima media de 33,^{70} C y humedad relativa del 33,0% de HR) Las piscinas de los parques acuáticos AB 1 a AB 4 se evaluaron inicialmente con gas cloro y la piscina pública KR 15 se ha evaluado después de añadir el TCCA.

Monitoreo del FAC

El gas de cloro se añadió el ^{19} de enero a las 7 PM. El sistema de filtración con bomba de circulación se puso en marcha y estuvo en funcionamiento durante 3 o 4 horas dependiendo de la piscina y la capacidad de la bomba. Las lecturas del FAC se tomaron al día siguiente por la mañana a las 8 AM, 12 del mediodía, 2 PM, 4 PM y 6 PM. Es evidente en la tabla 1 que hay una caída gradual de los valores FAC. Esto puede deberse a la pérdida de cloro dependiendo de las condiciones climáticas, particularmente la temperatura y la humedad relativa. Como la piscina no se estabilizó, el ^{20} de enero se volvieron a añadir 5 kg de cloro gaseoso y el $^{21\ de}$ enero se tomaron las lecturas del CFA, esta actividad continuó hasta que las piscinas se estabilizaron como se ha indicado anteriormente. Se sigue un procedimiento similar mientras se realizan los experimentos y los resultados así obtenidos se tabulan en la Tabla 4. 1. a la Tabla 4.5.

Tabla 4.1: Monitoreo del CAA en el Parque de la Piscina: AB 1 - 350 KL de capacidad (operado con gas)

Corre No	**R 01**	**R02**	**R03**	**R04**	**R05**	**R 06**	**R07**	**R 08**	**R09**
Fecha de ejecución	19 de enero	20 de enero	21 de enero	22 de enero	23 de enero	24 de enero	25 de enero	26 de enero	27 de enero
Max. Temperatura ^{0} C	32.1	31.6	32.0	33.0	33.2	34.5	35.7	35.7	35.9
Min .Temp ^{0} C	15.0	14.6	12.6	12.1	13.4	14.2	16.0	16.1	16.5
Humedad Relativa	43	38	37	35	29	27	30	26	32
Velocidad del viento Km/hr	6.0	0.0	8.0	6.0	0.0	6.0	4.0	8.0	0.0
El tiempo	Nublado	Normal	Normal	Normal	Normal	Nublado	Normal	Normal	Normal
Tiempo de adición de gas	7PM								
Cantidad añadida Kg	5	5	5	4	4	3	3	3	3
Cl2 teórico ppm	14.3	14.3	14.3	11.4	11.4	8.6	8.6	8.6	8.6
Medición de Cl2 a 8 AM	1.2	1.8	2.2	2.6	3.2	2.8	3	3	
Medición de Cl2 a las 12 del mediodía		0.6	1.2	1.4	1.8	2.4	2.2	2.4	2.4
Midió el Cl2 a las 2 PM		0.3	0.6	0.8	1.2	1.6	1.8	2	1.8
Midió el Cl2 a las 4 PM		**0.2**	**0.3**	**0.4**	**0.6**	**1.2**	**1.4**	**1.6**	**1.6**
Midió el Cl2 a las 6 PM		0.1	0.2	0.2	0.4	0.8	1.2	1.2	1.2

Tabla 4.2: Monitoreo del CAA en el Parque Pool: AB 2 - 300 KL de capacidad (operado con gas)

Corre No	R 10	R 11	R 12	R 13	R 14	R 15	R 16	R 17	R 18
Fecha de ejecución	19 de enero	20 de enero	21 de enero	22 de enero	23 de enero	24 de enero	25 de enero	26 de enero	27 de enero
Max. Temperatura en 0 C	32.1	31.6	32.0	33.0	33.2	34.5	35.7	35.7	35.9
Min .Temp ^{0} C	15.0	14.6	12.6	12.1	13.4	14.2	16.0	16.1	16.5
Humedad Relativa	43	38	37	35	29	27	30	26	32
Velocidad del viento Km/hr	6.0	0.0	8.0	6.0	0.0	6.0	4.0	8.0	0.0
El tiempo	Nublado					Nublado			
Tiempo de adición de gas	7.00PM								
Cantidad añadida Kg	5	5	5	4	4	3	3	3	3
Cl2 teórico ppm	16.7	16.7	16.7	13.3	13.3	10.0	10.0	10.0	10.0
Midió el Cl2 a las 8 AM del día siguiente		1.4	1.6	2	2.4	2.8	3	3	3
Medido Cl2 en 12 Mediodía		0.8	1.2	1.4	1.6	2	2.2	2.4	2.4
Midió el Cl2 a las 2 PM		0.4	0.6	0.8	1	1.4	1.8	2	1.8
Midió el Cl2 a las 4 PM		**0.3**	**0.4**	**0.4**	**0.6**	**0.8**	**1.2**	**1.6**	**1.6**
Midió el Cl2 a las 6 PM		0.2	0.2	0.2	0.3	0.6	1	1.2	1.2

Tabla 4.3: Monitoreo del CAA en el Parque de la Piscina: AB 3 - 500 KL de capacidad (operado con gas)

Corre No	**R 19**	**R 20**	**R 21**	**R 22**	**R 23**	**R 24**	**R 25**	**R 26**	**R 27**
Fecha de ejecución	19 de enero	20 de enero	21 de enero	22 de enero	23 de enero	24 de enero	25 de enero	26 de enero	27 de enero
Max. Temperatura en 0 C	32.1	31.6	32.0	33.0	33.2	34.5	35.7	35.7	35.9
Min .Temp ^{0} C	15.0	14.6	12.6	12.1	13.4	14.2	16.0	16.1	16.5
Humedad Relativa	43	38	37	35	29	27	30	26	32
Velocidad del viento Km/hr	6.0	0.0	8.0	6.0	0.0	6.0	4.0	8.0	0.0
El tiempo	Nublado					**Nublado**			
Tiempo de adición de gas	7.00PM								
Cantidad añadida Kg	10	8	8	6	6	5	5	5	5
Cl2 teórico ppm	20.0	16.0	16.0	12.0	12.0	10.0	10.0	10.0	10.0
Midió el Cl2 a las 8 AM del día siguiente		2.8	2.8	2.8	2.8	2.8	2.8	2.8	2.8
Medido Cl2 en 12 Mediodía		2.2	2.2	2.2	2.4	2.4	2.4	2.4	2.4
Midió el Cl2 a las 2 PM		1.4	1.4	1.2	1.4	1.4	2.0	1.8	1.8
Midió el Cl2 a las 4 PM		**0.6**	**0.8**	**0.8**	**1.2**	**1.2**	**1.4**	**1.6**	**1.6**
Midió el Cl2 a las 6 PM		0.2	0.4	0.6	0.8	0.8	1.0	1.2	1.2

Tabla 4.4: Monitoreo del CAA en el Parque de la Piscina: AB 4 - 400 KL de capacidad (operado con gas)

Corre No	R 28	R 29	R 30	R 31	R 32	R 33	R 34	R 35	R 36
Fecha de ejecución	19 de enero	20 de enero	21 de enero	Ene-22	23 de enero	24 de enero	25 de enero	26 de enero	27 de enero
Max. Temperatura en 0 C	32.1	31.6	32.0	33.0	33.2	34.5	35.7	35.7	35.9
Min .Temp ^{0} C	15.0	14.6	12.6	12.1	13.4	14.2	16.0	16.1	16.5
Humedad Relativa	43	38	37	35	29	27	30	26	32
Velocidad del viento Km/hr	6.0	0.0	8.0	6.0	0.0	6.0	4.0	8.0	0.0
El tiempo	Nublado					Nublado			
Tiempo de adición de gas	7.00PM								
Cantidad añadida Kg	8	8	6	6	5	5	4	4	4
Cl2 teórico ppm	20.0	20.0	15.0	15.0	12.5	12.5	10.0	10.0	10.0
Midió el Cl2 a las 8 AM del día siguiente		2.6	3.0	2.8	2.8	3.0	3.0	2.8	2.8
Medido Cl2 en 12 Mediodía		2.0	2.2	2.2	2.4	2.6	2.6	2.4	2.4
Midió el Cl2 a las 2 PM		1.2	1.2	1.4	1.8	2.2	2.4	2.0	2.2
Midió el Cl2 a las 4 PM		**0.4**	**0.6**	**0.8**	**1.2**	**1.4**	**2.0**	**1.6**	**1.6**
Midió el Cl2 a las 6 PM		0.2	0.4	0.6	0.6	0.8	1.0	1.2	1.2

Tabla 4.5: Monitoreo del CAA en la piscina pública: KR 15 - 600 KL de capacidad (operado por TCCA)

Corre No	**R 037**	**R 038**	**R 039**	**R 040**	**R 041**	**R 042**	**R 043**	**R 044**	**R 045**
Fecha de ejecución	19 de enero	20 de enero	21 de enero	Ene-22	23 de enero	24 de enero	25 de enero	26 de enero	27 de enero
Max. Temperatura en 0 C	32.1	31.6	32.0	33.0	33.2	34.5	35.7	35.7	35.9
Min .Temp ^{0} C	15.0	14.6	12.6	12.1	13.4	14.2	16.0	16.1	16.5
Humedad Relativa	43	38	37	35	29	27	30	26	32
Velocidad del viento Km/hr	6.0	0.0	8.0	6.0	0.0	6.0	4.0	8.0	0.0
El tiempo	Nublado					Nublado			
Tiempo de adición de gas	7.00PM								
Cantidad añadida Kg	3	2	2	1	1.5	2	1.5	2	2
Cl2 teórico ppm	4.5	3.0	3.0	1.5	2.3	3.0	2.3	3.0	3.0
Midió el Cl2 a las 8 AM del día siguiente		1.6	2.0	2.4	2.0	2.2	2.6	2.0	2.6
Medición de Cl2 a las 12 del mediodía		1.2	1.6	2.0	1.6	1.6	2.0	1.6	2.0
Midió el Cl2 a las 2 PM		0.8	1.2	1.6	1.2	1.2	1.6	1.2	1.6
Midió el Cl2 a las 4 PM		**0.6**	**1.0**	**1.4**	**0.8**	**1.0**	**1.4**	**1.0**	**1.4**
Midió el Cl2 a las 6 PM		0.4	0.8	1.2	0.6	0.8	1.2	0.8	1.2

Evaluación de las piscinas para su estabilización

Los valores medidos del FAC del grupo AB1, AB2, AB3, AB4 y KR15 como se destaca en las tablas 4. 1 a 4,5 se trazan y se muestran en la figura 4.1 **(eje** x - días y eje y - FAC observado a las 4 pm) .

Figura 4.1: Período de estabilización con piscinas operadas con gas en la temporada de invierno de 2009

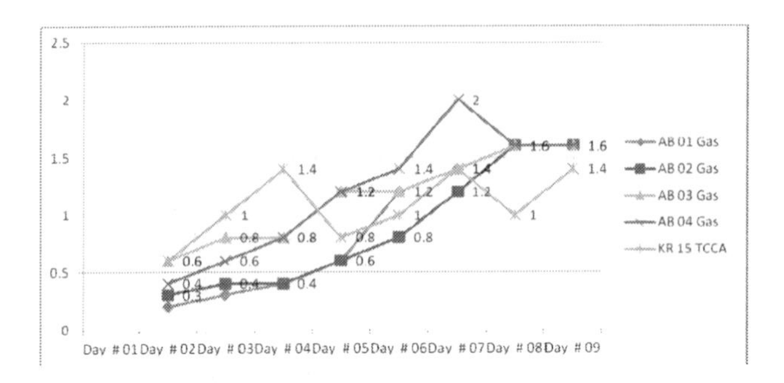

Se ve que los datos mostrados en los cuadros y figuras anteriores demuestran que

las piscinas operadas con gas tardan de 5 a 6 días en estabilizarse, mientras que la piscina operada con TCCA tarda de 2 a 3 días en estabilizarse para el FAC es superior a 1 ppm, que es un requisito mínimo.

Punto de ruptura de la cloración

La cloración en el punto de ruptura es el proceso de mantener suficiente cloro libre disponible en el agua de la piscina para convertir químicamente las cloraminas y el amoníaco -compuestos de nitrógeno- en gas nitrógeno inerte. Cuando el cloro se añade por primera vez al agua, es destruido por los compuestos presentes en el agua. El cloro que queda después de tal destrucción se conoce como cloro combinado. A medida que se añade más cloro, el nivel de cloro total en el agua, principalmente las cloraminas, aumentará constantemente hasta que se alcance un pico. Con la adición de más cloro se produce un fenómeno inesperado; en lugar de que la medición del cloro total siga aumentando, comienza a descender hasta casi cero. El aumento continuo de las dosis de cloro aumenta la cantidad de cloro de forma continua. Se dice que el punto en el que se produce una caída repentina del cloro combinado y allí después de un aumento repentino de la concentración de cloro como cloro libre es el punto de ruptura de la cloración. El punto de ruptura varía en su velocidad y amplitud, dependiendo de la materia orgánica presente. Hemos estudiado este fenómeno en las piscinas AB 3 (con gas de cloro) y KR 15 (con TCCA). Antes de la medición del CFA, las piscinas fueron tratadas con el agente desinfectante. La cantidad real (en ppm) de cloro añadido (en el eje x -) al FAC monitorizado (en el eje y -) se traza para establecer el punto de ruptura de la cloración y se representa a continuación en la figura- 4.2 para el AB03 y en la figura- 4.3 para el KR15.

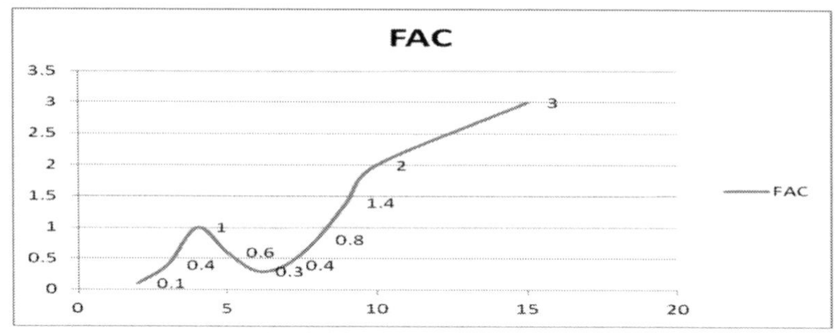

Figura 4. 2: Punto de ruptura de la cloración - AB 3: 500 KL Piscina operada por gas

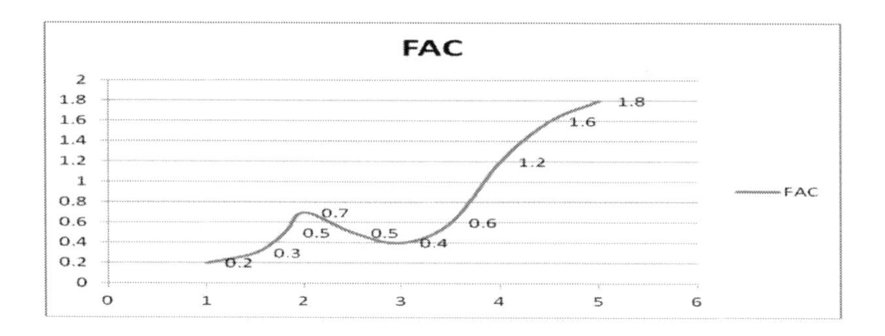

Figura 4. 3: Cloración en el punto de ruptura - KR 15: Piscina operada por TCCA

Se ve que el punto de ruptura de la cloración para la piscina operada por gas AB 03 es de 5 ppm, mientras que para la piscina operada por TCCA KR 15 es de 2,5 ppm. Esto nos lleva a la conclusión de que las dosis mínimas de agente de cloración para garantizar la seguridad son menores en las piscinas operadas con TCCA que en las operadas con cloro gaseoso.

Conversión de piscinas de gas en piscinas de TCCA

De la discusión anterior se desprende claramente que se necesitan de 5 a 6 días para estabilizar las piscinas operadas con gas, mientras que el TCCA necesita de 2 a 3 días para su estabilización. A fin de reducir el tiempo necesario para la estabilización de los pozos operados con gas, se consideró que valía la pena intentar convertir todos los pozos operados con gas en pozos operados con TCCA. La vigilancia del CAA en esos estanques, como se indica en las tablas siguientes, se ha efectuado utilizando los métodos anteriores. Los resultados se presentan en la siguiente tabla:

Tabla 4.6: Monitoreo de FAC en Piscinas Estabilizadas (AB 01), 350 KL de capacidad usando TCCA

Corre No	**R 046**	**R 047**	**R 048**	**R 049**	**R 050**	**R 051**	**R 052**
Fecha de ejecución (Año 2009)	Feb-01	Feb-02	Feb-03	Feb-04	Feb-05	Feb-06	Feb-07
Max. Temperatura en 0 C	36.0	33.3	33.6	34.2	34.0	34.0	34.8
Min .Temp ^{0} C	17.5	14.7	14.4	15.2	18.0	18.6	15.8
Humedad Relativa	36	32	32	32	31	32	26
Velocidad del viento Km/hr	4.0	4.0	8.0	10.0	8.0	4.0	10.0
Lluvias si las hay / Observaciones	NIL	NIL	NIL	NIL	NIL	NIL	NIL
Cantidad de TCCA Añadido Kg	2	1.5	1	1	1	1	1
Cl2 teórico ppm	5.1	3.9	2.6	2.6	2.6	2.6	2.6
Medición de Cl2 a las 8 AM		3.2	2.4	2.2	2.4	2.4	2.2
Medición de Cl2 a las 12 del mediodía		2.4	2.2	1.8	1.8	1.6	1.8
Midió el Cl2 a las 2 PM		1.6	1.6	1.2	1.4	1.2	1.4
Midió el Cl2 a las 4 PM		**1.2**	**1.2**	**0.8**	**1.0**	**1.0**	**1.0**
Midió el Cl2 a las 6 PM		0.8	0.8	0.6	0.8	0.8	0.6

Tabla 4.7: Monitoreo del CAA **en Piscinas Estabilizadas (AB 02) 300 KL de capacidad usando TCCA**

Corre No	**R 053**	**R 054**	**R 055**	**R 056**	**R 057**	**R 058**	**R 059**
Fecha de ejecución (Año 2009)	Feb-01	Feb-02	Feb-03	Feb-04	Feb-05	Feb-06	Feb-07
Max. Temperatura en 0 C	36.0	33.3	33.6	34.2	34.0	34.0	34.8
Min .Temp ^{0} C	17.5	14.7	14.4	15.2	18.0	18.6	15.8
Humedad Relativa	36	32	32	32	31	32	26
Velocidad del viento Km/hr	4.0	4.0	8.0	10.0	8.0	4.0	10.0
Lluvias si las hay / Observaciones	NIL	NIL	NIL	NIL	NIL	NIL	NIL
Cantidad de TCCA Añadido Kg	2	1.5	1	1.2	1	0.8	1
Cl2 teórico ppm	6.0	4.5	3.0	3.6	3.0	2.4	3.0
Medición de Cl2 a las 8 AM		3.2	2.4	3.2	2.4	2.2	2.2
Medición de Cl2 a las 12 del mediodía		2.4	2.2	2.4	2.2	1.8	1.8
Midió el Cl2 a las 2 PM		1.6	1.6	1.6	1.6	1.4	1.2
Midió el Cl2 a las 4 PM		**1.2**	**1.2**	**1.2**	**1.2**	**1.0**	**0.8**
Midió el Cl2 a las 6 PM		0.8	0.8	0.8	0.8	0.6	0.6

Tabla 4.8: Monitoreo del CAA en Piscinas Estabilizadas (AB 03) Capacidad de 500 KL usando TCCA

Corre No	R060	R 061	R 062	R 063	R 064	R 065	R 066
Fecha de ejecución (Año 2009)	Feb-01	Feb-02	Feb-03	Feb-04	Feb-05	Feb-06	Feb-07
Max. Temperatura en 0 C	36.0	33.3	33.6	34.2	34.0	34.0	34.8
Min .Temp ^{0} C	17.5	14.7	14.4	15.2	18.0	18.6	15.8
Humedad Relativa	36	32	32	32	31	32	26
Velocidad del viento Km/hr	4.0	4.0	8.0	10.0	8.0	4.0	10.0
Lluvias si las hay / Observaciones	NIL	NIL	NIL	NIL	NIL	NIL	NIL
Cantidad de TCCA Añadido Kg	2	1	2	1.5	1.8	1.8	1.8
Cl2 teórico ppm	3.6	1.8	3.6	2.7	3.2	3.2	3.2
Medición de Cl2 a las 8 AM		3.2	2.2	3.2	2.4	2.6	2.6
Medición de Cl2 a las 12 del mediodía		2.6	1.8	2.4	2.2	2.2	2.2
Midió el Cl2 a las 2 PM		1.8	1.4	1.6	1.6	1.8	1.8
Midió el Cl2 a las 4 PM		**1.4**	**1.0**	**1.2**	**1.2**	**1.4**	**1.4**
Midió el Cl2 a las 6 PM		1.0	0.6	0.8	0.8	1.0	1.0

Tabla 4.9: Monitoreo del CAA en Piscinas Estabilizadas (AB 04) Capacidad de 400 KL usando TCCA

Corre No	R 067	R 068	R 069	R 070	R 071	R 072	R 073
Fecha de ejecución (**Año 2009**)	Feb-01	Feb-02	Feb-03	Feb-04	Feb-05	Feb-06	Feb-07
Max. Temperatura en 0 C	36.0	33.3	33.6	34.2	34.0	34.0	34.8
Min .Temp ^{0} C	17.5	14.7	14.4	15.2	18.0	18.6	15.8
Humedad Relativa	36	32	32	32	31	32	26
Velocidad del viento Km/hr	4.0	4.0	8.0	10.0	8.0	4.0	10.0
Lluvias si las hay / Observaciones	NIL	NIL	NIL	NIL	NIL	NIL	NIL
Cantidad de TCCA Añadido Kg	2	1	1.5	2	1.5	1.5	1.5
Cl2 teórico ppm	4.5	2.3	3.4	4.5	3.4	3.4	3.4
Medición de Cl2 a las 8 AM		3.2	2.6	2.2	2.8	2.6	2.6
Medición de Cl2 a las 12 del mediodía		2.6	2.2	1.8	2.4	2.2	2.2
Midió el Cl2 a las 2 PM		2.2	1.8	1.4	1.8	1.8	1.8
Midió el Cl2 a las 4 PM		**1.6**	**1.4**	**1.0**	**1.6**	**1.4**	**1.4**
Midió el Cl2 a las 6 PM		1.2	1.0	0.6	1.2	1.0	1.0

Los datos que obtuvimos después de la conversión de las piscinas operadas con gas en operadas con TCCA establecen que las piscinas se estabilizaron al día siguiente con menos cantidad de requisito de TCCA. En otras palabras, podemos decir que acorta el tiempo requerido para la estabilización de las piscinas operadas con gas.

Verano de 2009 - Experimentación durante Marzo - Abril

(Temperatura máxima media de 41,7 ^{0C} y humedad relativa de 28,0 % HR) Se observaron las piscinas operadas con gas para una cloración efectiva en verano. Los experimentos se llevaron a cabo de la misma manera que se hizo anteriormente, el agente de cloración se añade por la tarde a las 7 PM y las lecturas del FAC se toman los días siguientes a las 8 AM, 12 del mediodía, 2 PM, 4 PM y 6 PM. Las piscinas de los parques acuáticos AB 1 a AB 4 se evalúan inicialmente con gas. La piscina pública KR 15 se prueba con TCCA. Las observaciones se muestran en la tabla 4.10 a 4.14:

Monitoreo del FAC

Tabla 4.10: Monitoreo del CAA en el Parque Pool: AB 1, 350 KL de capacidad (operado con gas)

Corre No	R 01	R 02	R 03	R 04	R 05	R 06	R 07	R 08	R 09
Fecha de ejecución (año 2009)	Mar-29	Mar-30	Mar-31	Abr-01	Abr-02	Abr-03	Abr-04	Abr-05	Abr-06
Max. Temperatura en 0 C	40.7	41.0	42.0	40.5	41.6	42.2	42.4	41.3	43.3
Min .Temp ^{0} C	22.0	23.1	23.5	21.0	24.6	23.9	24.0	23.4	24.6
Humedad Relativa	27	16	17	30	31	31	32	29	35
Velocidad del viento Km/hr	8.0	26.0	14.0	4.0	4.0	4.0	18.0	6.0	18.0
Lluvias si las hay / Observaciones	nublado								
Tiempo de adición de gas	7.00PM								
Cantidad añadida Kg	3	6	9	9	8	7	6	6	6
Cl2 teórico ppm	8.6	17.1	25.7	25.7	22.9	20.0	17.1	17.1	17.1
Midió el Cl2 a las 8 AM al día siguiente		0.4	0.8	1.4	1.8	2.2	2.2	2.2	2.2
Medición de Cl2 a las 12 del mediodía		0.3	0.4	1.2	1.4	1.6	1.8	1.8	1.8
Midió el Cl2 a las 2 PM		0.2	0.2	0.8	1.2	1.4	1.4	1.4	1.4
Midió el Cl2 a las 4 PM		**0.1**	**0.1**	**0.4**	**1**	**1.2**	**1.4**	**1.1**	**1.1**
Midió el Cl2 a las 6		0.1	0.1	0.3	0.8	0.8	1	1	1

PM									

Tabla 4.11: Monitoreo del CAA en el Parque Pool: AB 2, 300 KL de capacidad (operado con gas)

Corre No	**R 10**	**R 11**	**R 12**	**R 13**	**R 14**	**R 15**	**R 16**	**R 17**	**R18**
Fecha de ejecución (año 2009)	Mar-29	Mar-30	Mar-31	Abr-01	Abr-02	Abr-03	Abr-04	Abr-05	Abr-06
Max. Temperatura en 0 C	40.7	41.0	42.0	40.5	41.6	42.2	42.4	41.3	43.3
Min .Temp ^{0} C	22.0	23.1	23.5	21.0	24.6	23.9	24.0	23.4	24.6
Humedad Relativa	27	16	17	30	31	31	32	29	35
Velocidad del viento Km/hr	8.0	26.0	14.0	4.0	4.0	4.0	18.0	6.0	18.0
Lluvias si las hay / Observaciones	nublado								
Tiempo de adición de gas	7.00PM								
Cantidad añadida Kg	3	6	9	9	7	7	6	6	6
Cl2 teórico ppm	10.0	20.0	30.0	30.0	23.3	23.3	20.0	20.0	20.0
Midió el Cl2 a las 8 AM del día siguiente		1.6	1.8	2.2	2.4	2.4	2.6	2.8	3
Medición de Cl2 a las 12 del mediodía		1	1.2	1.4	1.4	1.6	2.2	2.4	2.4
Midió el Cl2 a las 2 PM		0.6	0.6	0.8	1	1.4	1.8	2	1.8
Midió el Cl2 a las 4 PM		**0.4**	**0.4**	**0.4**	**0.6**	**1.2**	**1.2**	**1.6**	**1.6**
Midió el Cl2 a las 6 PM		0.2	0.2	0.2	0.4	0.8	1	1.2	1.2

Tabla 4.12: Monitoreo del CAA en el Parque Pool: AB 3, 500 KL de capacidad (operado con gas)

Corre No	R 19	R 20	R 21	R 22	R 23	R 024	R 25	R 26	R 27
Fecha de ejecución (Año 2009)	Mar-29	Mar-30	Mar - 31	Abr-01	Abr-02	Abr-03	Abr-04	Abr-05	Abr-06
Max. Temperatura en 0 C	40.7	41.0	42.0	40.5	41.6	42.2	42.4	41.3	43.3
Min .Temp ^{0} C	22.0	23.1	23.5	21.0	24.6	23.9	24.0	23.4	24.6
Humedad Relativa	27	16	17	30	31	31	32	29	35
Velocidad del viento Km/hr	8.0	26.0	14.0	4.0	4.0	4.0	18.0	6.0	18.0
Lluvias si las hay / Observaciones	nublado								
Tiempo de adición de gas	7:00 PM								
Cantidad añadida Kg	5	10	10	8	8	8	8	8	8
Cl2 teórico ppm	10.0	20.0	20.0	16.0	16.0	16.0	16.0	16.0	16.0
Midió el Cl2 a las 8 AM al día siguiente		1.4	2	2.2	2.4	2.4	2.6	2.8	3
Medición de Cl2 a las 12 del mediodía		1	1.4	1.8	1.8	1.6	1.8	2.2	2.4
Midió el Cl2 a las 2 PM		0.6	0.8	1.2	1.4	1.2	1.6	2	2
Midió el Cl2 a las 4 PM		**0.2**	**0.4**	**0.8**	**1.2**	**1.2**	**1.2**	**1.6**	**1.6**
Midió el Cl2 a las 6 PM		0.1	0.2	0.4	0.8	0.8	1	1.2	1.2

Tabla 4.13: Monitoreo del CAA en el Parque Pool: AB 4, 400 KL de capacidad (operado con gas)

Corre No	R 28	R 29	R 30	R 31	R 32	R 33	R 34	R 35	R 36
Fecha de ejecución (Año 2009)	Mar-29	Mar-30	Mar-31	Abr-01	Abr-02	Abr-03	Abr-04	Abr-05	Abr-06
Max. Temperatura en 0 C	40.7	41.0	42.0	40.5	41.6	42.2	42.4	41.3	43.3
Min .Temp ^{0} C	22.0	23.1	23.5	21.0	24.6	23.9	24.0	23.4	24.6
Humedad Relativa	27	16	17	30	31	31	32	29	35
Velocidad del viento Km/hr	8.0	26.0	14.0	4.0	4.0	4.0	18.0	6.0	18.0
Lluvias si las hay / Observaciones	nublado								
Tiempo de adición de gas	7.00PM								
Cantidad añadida Kg	4	8	8	8	6	6	6	6	6
Cl2 teórico ppm	10.0	20.0	20.0	20.0	15.0	15.0	15.0	15.0	15.0
Midió el Cl2 a las 8 AM del día siguiente		1.8	2	2.2	2.4	2.4	2.6	2.6	2.8
Medición de Cl2 a las 12 del mediodía		1.2	1.2	1.6	1.4	1.4	1.8	2	2.2
Midió el Cl2 a las 2 PM		0.6	0.8	0.8	1	1.2	1.4	1.6	1.8
Midió el Cl2 a las 4 PM		**0.4**	**0.6**	**0.4**	**0.6**	**1**	**1.2**	**1.4**	**1.6**
Midió el Cl2 a las 6 PM		0.2	0.2	0.2	0.4	0.8	1	1.2	1.2

Tabla 4.14: Monitoreo del CAA en el Parque Pool: KR 15, 600 KL de capacidad (TCCA operado)

Corre No	R 37	R 38	R 39	R 40	R 41	R 42	R 43	R 44	R 45
Fecha de ejecución (Año 2009)	Mar-29	Mar-30	Mar-31	Abr-01	Abr-02	Abr-03	Abr-04	Abr-05	Abr-06
Max. Temperatura en 0 C	40.7	41.0	42.0	40.5	41.6	42.2	42.4	41.3	43.3
Min .Temp ^{0} C	22.0	23.1	23.5	21.0	24.6	23.9	24.0	23.4	24.6
Humedad Relativa	27	16	17	30	31	31	32	29	35
Velocidad del viento Km/hr	8.0	26.0	14.0	4.0	4.0	4.0	18.0	6.0	18.0
Lluvias si las hay / Observaciones	Nublado								
Tiempo de adición de gas	7:00 PM								
Cantidad añadida Kg	2	4	2	3	2	2	2	2	2
Cl2 teórico ppm	3.0	6.0	3.0	4.5	3.0	3.0	3.0	3.0	3.0
Midió el Cl2 a las 8 AM al día siguiente		1.4	2.8	2.4	2.4	2.4	2.4	2.2	2.6
Medición de Cl2 a las 12 del mediodía		1.0	2.2	1.8	2.0	2.0	2.0	1.8	2.0
Midió el Cl2 a las 2 PM		0.8	2.0	1.4	1.6	1.4	1.4	1.2	1.4
Midió el Cl2 a las 4 PM		**0.4**	**1.6**	**1.2**	**1.2**	**1.2**	**1.2**	**0.8**	**1.2**
Midió el Cl2 a las 6 PM		0.2	1.2	0.8	1.0	1.0	1.0	0.6	1.0

Evaluación de la reserva para su estabilización

Los valores medidos del FAC del pool AB1, AB2, AB3, AB4 y KR15, como se resalta en las tablas 4.10 a 4.14, se grafican y se muestran en la figura 4.4 (eje x: días y eje y: FAC observado a las 4 pm).

Figura 4.4: Período de estabilización con piscinas operadas con gas en la

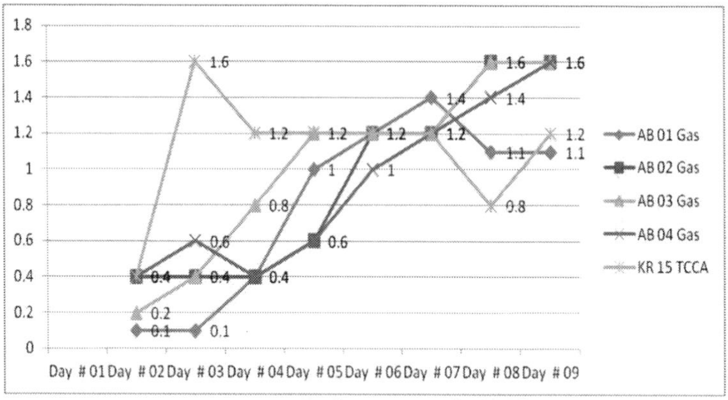

1.8
1.6
1.4
1.2
1
0.8
0.6
0.4
0.2
0
Day # 01 Day # 02 Day # 03 Day # 04 Day # 05 Day # 06 Day # 07 Day # 08 Day # 09
AB 01 Gas
AB 02 Gas
AB 03 Gas
AB 04 Gas
KR 15 TCCA

temporada de verano de 2009

De los datos mostrados en los cuadros y figuras anteriores se desprende que las piscinas operadas con gas tardan de 5 a 6 días en estabilizarse, mientras que las operadas con TCCA tardan de 2 a 3 días en estabilizarse porque los valores de FAC (1 ppm) están en estrecha concordancia con la literatura. También se observa en las tablas anteriores que, el requisito de gas cloro para estabilizar las piscinas en verano es casi el doble del requisito en invierno.

Se considera que las piscinas AB 3 (con gas cloro) y KR 15 (con TCCA) estudian el punto de ruptura de la cloración en verano utilizando el mismo procedimiento detallado en 4.1.3. Después de una pausa en invierno, antes de la puesta en marcha de la operación que es la medición del TCCA, las piscinas fueron tratadas con el agente de sanitización. El cloro real añadido en ppm (en el eje x -) al FAC monitorizado (en el eje y -) se traza para establecer el punto de ruptura de la cloración y se representa a continuación en la figura 4.5 para el AB 03 y en la figura 4.6 para el KR 15

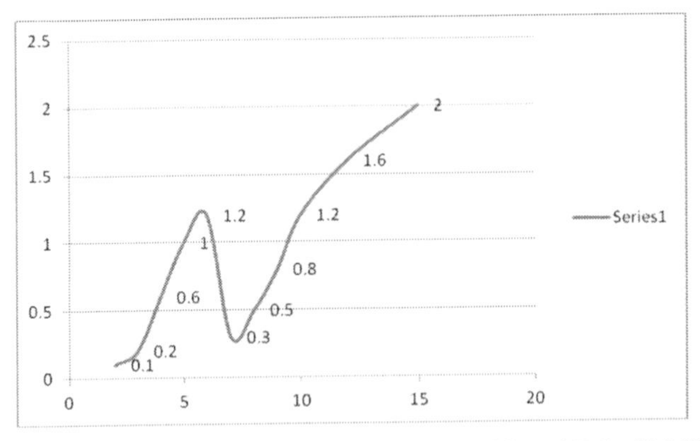

Figura 4. 5: Punto de ruptura de la cloración - AB 3: 500 KL de gas

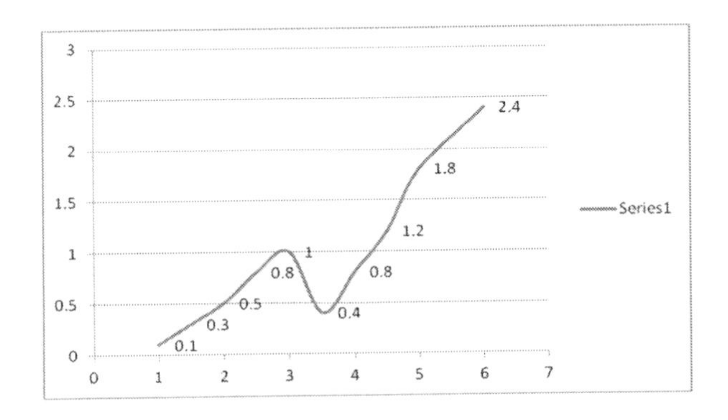

Figura 4.6: Punto de ruptura de la cloración - KR 15 : TCCA

Se ve que el punto de ruptura de la cloración para la piscina operada por gas AB 03 es de 7 ppm, mientras que para la piscina operada por TCCA KR 15 es de 3,5 ppm.

Conversión de piscinas de gas en piscinas de TCCA

Se observó que la piscina con TCCA se estabilizó en el día 2 mismo, y por lo tanto todas las piscinas operadas con gas fueron tratadas con TCCA. El agente clorador de TCCA se añade por la tarde a las 7 PM y las lecturas del FAC se toman el día siguiente a las 8 AM, 12 del mediodía, 2 PM, 4 PM y 6 PM. Los resultados de las piscinas AB1, AB2, AB3 y AB4 se reproducen en los cuadros 4.15, 4.16, 4.17 y 4.18 respectivamente. Del examen de los cuadros 15 a 18 se desprende claramente que las piscinas se estabilizaron antes de ser convertidas en TCCA.

Cuadro 4.15: Monitoreo del CAA en la piscina del parque estabilizado: AB 1, 350 KL de capacidad (con TCCA)

Corre No	R 46	R 47	R 48	R 49	R 50	R 51	R 52
Fecha de ejecución (año 2009)	Abr-07	Abr-08	Abr-09	10 de abril	11 de abril	12 de abril	13 de abril
Max. Temperatura en 0 C	41.6	39.7	39.3	37.0	39.5	40.6	41.5
Min .Temp ^{0} C	24.2	24.0	20.5	23.2	23.8	23.2	22.2
Humedad Relativa	34	45	42	28	26	24	21
Velocidad del viento Km/hr	14.0	10.0	8.0	10.0	8.0	10.0	10.0
Lluvias si las hay / Observaciones	NIL	NIL	Rastros	NIL	NIL	NIL	NIL
Tiempo de adición	7:00 PM						
Cantidad de TCCA Añadido Kg	3	2	2.5	1.5	1	1.5	1
Cl2 teórico ppm	7.7	5.1	6.4	3.9	2.6	3.9	2.6
Midió el Cl2 a las 8 AM al día siguiente		2.2	2.0	2.4	2.2	2.2	2.2
Medición de Cl2 a las 12 del mediodía		1.8	1.8	1.8	1.8	1.8	1.8
Midió el Cl2 a las 2 PM		1.4	1.2	1.4	1.6	1.4	1.6
Midió el Cl2 a las 4 PM		**1.1**	**1**	**1.1**	**1.2**	**1.2**	**1.2**
Midió el Cl2 a las 6 PM		1	0.8	1	1	1	1

Tabla 4.16: Monitoreo del CAA en la piscina del parque estabilizado: AB 2, 300 KL de capacidad (con TCCA)

Corre No	R 53	R 54	R 55	R 56	R 57	R 58	R 59
Fecha de ejecución (año 2009)	Abr-07	Abr-08	Abr-09	10 de abril	11 de abril	12 de abril	13 de abril
Max. Temperatura en 0 C	41.6	39.7	39.3	37.0	39.5	40.6	41.5
Min .Temp ^{0} C	24.2	24.0	20.5	23.2	23.8	23.2	22.2
Humedad Relativa	34	45	42	28	26	24	21
Velocidad del viento Km/hr	14.0	10.0	8.0	10.0	8.0	10.0	10.0
Lluvias si las hay / Observaciones	NIL	NIL	Rastros	NIL	NIL	NIL	NIL
Tiempo de adición	7:00 PM						
Cantidad de TCCA Añadido Kg	3	2	2.5	1.5	1	1.5	1
Cl2 teórico ppm	9.0	6.0	7.5	4.5	3.0	4.5	3.0
Midió el Cl2 a las 8 AM al día siguiente		3	2.4	2.4	2.2	2.2	2.2
Medición de Cl2 a las 12 del mediodía		2.4	2	1.8	1.8	1.8	1.8
Midió el Cl2 a las 2 PM		1.8	1.2	1.4	1.6	1.4	1.6
Midió el Cl2 a las 4 PM		**1.6**	**1**	**1.1**	**1.2**	**1.2**	**1.2**
Midió el Cl2 a las 6 PM		1.4	0.8	1	1	1	1

Tabla 4.17: Monitoreo del CAA en la piscina del parque estabilizado: AB 3, capacidad de 500 KL (con TCCA)

Corre No	R 60	R 61	R 62	R 63	R 64	R 65	R 66
Fecha de ejecución (año 2009)	Abr-07	Abr-08	Abr-09	10 de abril	11 de abril	12 de abril	13 de abril
Max. Temperatura en 0 C	41.6	39.7	39.3	37.0	39.5	40.6	41.5
Min .Temp ^{0} C	24.2	24.0	20.5	23.2	23.8	23.2	22.2
Humedad Relativa	34	45	42	28	26	24	21
Velocidad del viento Km/hr	14.0	10.0	8.0	10.0	8.0	10.0	10.0
Lluvias si las hay / Observaciones	NIL	NIL	Rastros	NIL	NIL	NIL	NIL
Tiempo de adición	7:00 PM						
Cantidad de TCCA Añadido Kg	3	2	2.5	1.5	2	2.5	2
Cl2 teórico ppm	5.4	3.6	4.5	2.7	3.6	4.5	3.6
Midió el Cl2 a las 8 AM al día siguiente		3	2.4	2.2	2	2.2	2.2
Medición de Cl2 a las 12 del mediodía		2.6	2	1.6	1.6	1.8	1.8
Midió el Cl2 a las 2 PM		2	1.2	1.4	1.2	1.4	1.6
Midió el Cl2 a las 4 PM		1.8	1	1.2	1	1.2	1.2
Midió el Cl2 a las 6 PM		1.4	0.8	1	0.8	1	1

Tabla 4.18: Monitoreo del CAA en la piscina del parque estabilizado: AB 4, capacidad de 400 KL (con TCCA)

Corre No	R 67	R 68	R 69	R 70	R 71	R 72	R 73
Fecha de ejecución (año 2009)	Abr-07	Abr-08	Abr-09	10 de abril	11 de abril	12 de abril	13 de abril
Max. Temperatura en 0 C	41.6	39.7	39.3	37.0	39.5	40.6	41.5
Min .Temp ^{0} C	24.2	24.0	20.5	23.2	23.8	23.2	22.2
Humedad Relativa	34	45	42	28	26	24	21
Velocidad del viento Km/hr	14.0	10.0	8.0	10.0	8.0	10.0	10.0
Lluvias si las hay / Observaciones	NIL	NIL	Rastros	NIL	NIL	NIL	NIL
Tiempo de adición	7:00 PM						
Cantidad de TCCA Añadido Kg	3	2	2.5	1.5	2	1.5	1.5
Cl2 teórico ppm	6.8	4.5	5.6	3.4	4.5	3.4	3.4
Midió el Cl2 a las 8 AM al día siguiente		2.8	2.4	2	2	2.2	2.2
Medición de Cl2 a las 12 del mediodía		2.2	2	1.6	1.6	1.8	1.8
Midió el Cl2 a las 2 PM		1.8	1.6	1.2	1.2	1.4	1.6
Midió el Cl2 a las 4 PM		1.6	1.2	1	1	1.2	1.2
Midió el Cl2 a las 6 PM		1.2	1	0.8	0.8	1	1

Lluvioso 2009 - Experimentación durante el mes de agosto

(Temperatura máxima media de 31,4 ^{0} C y humedad relativa del 87,0 % HR) La temporada de lluvias se considera normalmente como fuera de temporada para las operaciones de la piscina. Sin embargo, cuando se les solicita, los operadores de las piscinas aceptan realizar estudios de saneamiento de las mismas. Por lo tanto, la experimentación se restringió sólo para dos piscinas - AB 03 operada con gas y KR 15 TCCA operada. Como ya se ha dicho, el agente clorador se añade por la tarde a las 7 PM y las lecturas del FAC se toman los días siguientes a las 8 AM, 12 del mediodía, 2 PM, 4 PM y 6 PM. Los resultados experimentales así obtenidos se reproducen en la tabla 4.19 a 4.20 respectivamente.

Vigilancia del período de estabilización

Tabla 4.19: Monitoreo del CAA en el Parque Pool: AB 3, 350 KL de capacidad (operado con gas)

Corre No	**R 19**	**R 20**	**R 21**	**R 22**	**R 23**	**R 24**
Fecha de ejecución (año 2009)	24 de agosto	Ago-25	Ago-26	Ago-27	Ago-28	Ago-29
Max. Temperatura en 0 C	33.0	33.5	33.0	28.5	31.0	29.5
Min .Temp ^{0} C	23.5	23.4	23.0	23.4	21.6	23.6
Humedad Relativa	79	95	99	95	82	74
Velocidad del viento Km/hr	4.0	8.0	6.0	4.0	6.0	4.0
Lluvias si las hay / Observaciones	2.3	4.0	16.4	27.4	62.0	**4.0**
Tiempo de adición de gas	7:00 PM					
Cantidad añadida Kg	8	6	4	5	4	4
Cl2 teórico ppm	16.0	12.0	8.0	10.0	8.0	8.0
Midió el Cl2 a las 8 AM al día siguiente		2.2	2.0	2.2	3.0	2.8
Medición de Cl2 a las 12 del mediodía		1.8	1.6	1.4	2.6	2.4
Midió el Cl2 a las 2 PM		1.4	1.4	1.2	1.8	1.8
Midió el Cl2 a las 4 PM		**1.2**	**1.0**	**0.8**	**1.2**	**1.4**
Midió el Cl2 a las 6 PM		0.6	0.6	0.6	0.8	1.2

Tabla 4.20: Monitoreo del CAA en el Parque Pool: KR 15, 600 KL de capacidad (operado por TCCA)

Corre No	**R 37**	**R 38**	**R 39**	**R 40**	**R 41**	**R 42**
Fecha de ejecución (año 2009)	24 de agosto	Ago-25	Ago-26	Ago-27	Ago-28	Ago-29
Max. Temperatura en 0 C	33.0	33.5	33.0	28.5	31.0	29.5
Min .Temp ^{0} C	23.5	23.4	23.0	23.4	21.6	23.6
Humedad Relativa	79	95	99	95	82	74
Velocidad del viento Km/hr	4.0	8.0	6.0	4.0	6.0	4.0
Lluvias si las hay / Observaciones	2.3	4.0	16.4	27.4	62.0	4.0

Tiempo de adición de gas	7.00Pm					
Cantidad añadida Kg	4	2	1	2	2.5	2
Cl2 teórico ppm	6.0	3.0	1.5	3.0	3.8	3.0
Midió el Cl2 a las 8 AM al día siguiente		2.4	2.0	2.0	2.2	2.0
Medición de Cl2 a las 12 del mediodía		2.0	1.6	1.2	1.6	1.6
Midió el Cl2 a las 2 PM		1.6	1.2	0.8	1.2	1.2
Midió el Cl2 a las 4 PM		**1.2**	**1.0**	**0.4**	**0.8**	**1.0**
Midió el Cl2 a las 6 PM		1.0	0.8	0.2	0.6	0.8

Evaluación de las piscinas para su estabilización

Como se ve en las tablas anteriores, la piscina operada con gas sólo tardó 4 días en estabilizarse. La piscina operada por TCCA también tomó 3 días para estabilizar el requisito de FAC de un mínimo de 1 ppm en el agua de la piscina. Los valores más bajos se deben principalmente a los menores niveles de ocupación de la piscina en la temporada de lluvias. Las observaciones se representan gráficamente en las figuras 4.7. Los gráficos muestran el valor del cloro medido (FAC) en ppm en el eje y - contra el día en el eje x.

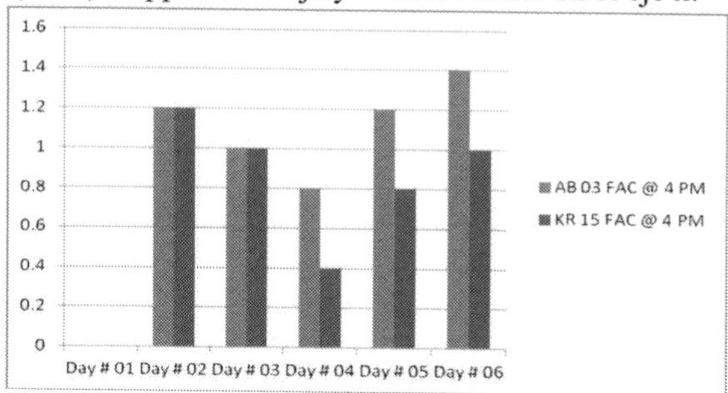

Figura 4.7: Duración de la estabilización de las piscinas de gas y de TCCA en la temporada de lluvias de 2009

Punto de ruptura de la cloración

De manera similar a lo expuesto anteriormente en 4.1.3, se estudian los fenómenos de cloración de punto de ruptura en la estación lluviosa en las piscinas AB 3 (con gas cloro) y KR 15 (con TCCA). La cloración en el punto de ruptura se representa a continuación en la figura 4.8 para el AB 03 y en la figura 4.9 para el KR 15.

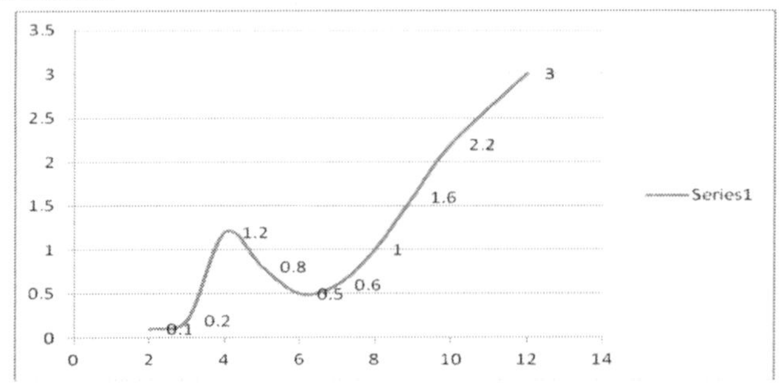

Figura 4.8: Punto de ruptura de la cloración - AB 3: 500 KL de gas

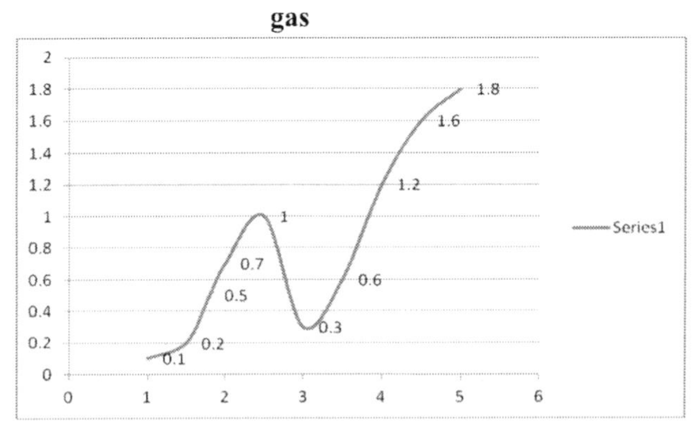

Figura 4. 9: Cloración en el punto de ruptura - KR 15 : 500 KL TCCA Operado

Como se ha visto, el punto de ruptura de la cloración para la piscina operada por gas AB 03 es de 6 ppm, mientras que para la piscina operada por TCCA KR 15 es de 3 ppm.

Evaluación a partir de los datos generados durante el invierno de 2009, el verano de 2009 y el período lluvioso de 2009

El estudio del uso del agente clorador tradicional, el gas de cloro y el TCCA se ha examinado en detalle en los párrafos anteriores. La siguiente tabla se debe a los hechos que obtuvimos durante el período de experimentación, es decir, invierno2009, verano 2009 y 2009 lluvioso.

Cuadro 4.21: Resumen de los datos generados durante el invierno de 2009, el verano de 2009 y el período de lluvias de 2009

Sr. No	Parámetro	Invierno de 2009	Verano de 2009	Lluvia 2009
01	Periodo de tiempo	19/01 - 27/01	29/03 – 06/04	24/08 - 29/08
02	Temperatura máxima ^{0} C	33.7	41.7	31.4
03	Temperatura mínima 0 C	14.5	23.3	23.1
04	Humedad Relativa	33.0	28.0	87.0
05	Velocidad del viento Km/Hr	4.2	11.3	5.3
06	Lluvias : mm	--	-	20.0
07	Agente de cloración	Gas	Gas	Gas
08	Punto de ruptura con el agente regular	5 ppm	7 ppm	6 ppm
09	Punto de ruptura con TCCA, ppm	2,5 ppm	3.5 ppm	3 ppm
10	FAC inicial para la estabilización con el agente regular	10 ppm	20 ppm	8 ppm
11	FAC inicial para la estabilización con TCCA	3 ppm	3 ppm	3 ppm
12	FAC para la estabilización con TCCA sustituido	2,6 ppm	< 3 ppm	-----
13	Período de estabilización de las piscinas operadas con gas en días	5 - 6	5 - 6	4
14	Período de estabilización de la piscina de TCCA operada piscinas en días	2 - 3	2 - 3	3

Sobre la base del estudio del cuadro anterior se puede concluir que:

1. Punto de ruptura de la cloración: La cloración en el punto de ruptura se ha logrado a 5 ppm, 7 ppm y 6 ppm en invierno, verano y estaciones lluviosas, mientras que a 2,5 ppm, 3,5 ppm y 3 ppm para las estaciones superiores nos llevan a la conclusión de que el requisito de dormitar mínimo para asegurar la desinfección es menor en las piscinas operadas con TCCA que en las operadas con gas.
2. Estabilización: Si observamos los valores del requerimiento inicial de FAC con gas cloro y con TCCA, queda claro que si usamos TCCA entonces las piscinas se estabilizan pronto con menos requerimiento de cloro en todas las estaciones. También muestra que el requerimiento de cloro en verano es casi el

doble que en otras estaciones.

3. La conversión de piscinas operadas por gas en operadas por TCCA muestra el mismo hecho. Sin embargo, no pudimos ampliar nuestro estudio en las temporadas de lluvia debido a la falta de disponibilidad de las piscinas por estar fuera de temporada. [34]

4. Parece que un mayor nivel de humedad ayuda a reducir las pérdidas de cloro.

5. Es evidente que en ausencia de cargas apreciables de los bañistas las piscinas se estabilizaron antes.

El alcance de un estudio más profundo

Hay muchas pruebas basadas en la experiencia y los estudios mundiales de que cuando se combinan dos técnicas de saneamiento, el resultado es mejor que si se utiliza un solo sistema en el suyo. Esto se llama saneamiento dual o multietapa[(49)].

Los beneficios [(51)] son:

1. Agua de mejor calidad ya que los patógenos tienen una sensibilidad variada contra diferentes biocidas
2. Un sistema más fiable
3. Más barato de ejecutar en la mayoría de los casos
4. Mayor satisfacción del nadador
5. Menos efectos secundarios del subproducto de la sanidad
6. Menor uso de cloro

El profesor G.R. Taylor de la Universidad de Surrey realizó un método de desinfección dual después de que una prueba demostrara que dos sustancias químicas diferentes de metales sumadas pueden permitir una cinética de desinfección más eficiente. Una sustancia se dirige a la superficie de los microorganismos matando y dañando la célula mientras que una segunda sustancia se dirige al ácido nucleónico del microorganismo destruyendo el microorganismo dañado restante. Utilizando este método de desinfección dual, los niveles reducidos de ambas sustancias pueden ser más eficaces que los niveles mucho más altos de cualquiera de las sustancias individuales.

Además, Thurman y Gerba de la Universidad de Arizona realizaron una investigación y demostraron que el cobre y el cloro funcionan como desinfectantes duales a la luz del trabajo realizado por el Prof. G R Taylor. Demostró además que 0,10 ppm de cloro más cobre era muy eficaz.

No pudimos adoptar este método de saneamiento teniendo en cuenta el costo y la infraestructura y las instalaciones de laboratorio.

Este método dual de saneamiento en combinación de cloro, bromo con cobre, plata, a la luz de nuestro trabajo, proporciona un buen fondo para la investigación posterior.

REFERENCIAS

1. Eugene L Lehr : Calidad del agua de los lugares de natación - una revisión,
   Informes de Salud Pública, Vol 69, No 8, Agosto ; (1954)
2. Timothy B. S : Evaluación bacteriológica de dos métodos de prueba para Cloro en piscinas , Microbiología aplicada, 809 - 811 , Noviembre (1971)
3. Documento Nº WHO/SDE/WSH/03.04/120, Ácido tricloroacético en Documento de antecedentes sobre el agua potable para la elaboración de directrices de la OMS sobre la calidad del agua potable, (2003)
4. Normas para la piscina, la piscina de niños y el agua
   Reglamento del parque de pulverización, EE.UU., (2006)
5. Directrices para la seguridad de los entornos acuáticos recreativos: Volumen 2:
   piscinas, balnearios y entornos acuáticos recreativos similares Agosto de 2000, Organización Mundial de la Salud. (2000)
6. Documento nº WHO/SDE/WSH/03.04/83 (inglés) :
   Monocloramina en el agua potable Documento de antecedentes para elaboración de las Directrices de la OMS sobre la calidad del agua potable,
   (2004)
7. Maria Cristina Apera, Bruno Branchi : Desinfección de la natación piscinas y exposición del personal de la piscina y los nadadores : Ciencias Naturales , Vol 2 , No 2 , 68 - 78 (2010)
8. Alfred P. D , Otis Evans : Ingestión de agua durante la natación actividades en una piscina , Journal of water and health Vol 04, No 4 (2006)
9. Milton R. Sommerfeld y Richard P. Adamson: Influencia de
   Concentración del estabilizador en la eficacia del cloro como
   Algicida, Microbiología aplicada y ambiental, 43(2), 497- 499. (1982)
10. John R. Andersen: Un estudio de la influencia del ácido cianúrico en la Eficacia bactericida del cloro, americano. Journal of Public Health, 1629-1637 , (1962)
11. Nisakorn T, Chatana U,Wichaya R, : Efecto del Tricloroisocianúrico desinfectante ácido rellenado en el agua de la piscina, La Conferencia Internacional Conjunta sobre Energía y Medio Ambiente Sostenibles (SEE), 1000-1005 , (2003)

12. Judd, S J, Bulluck G : El destino del cloro y los materiales orgánicos en piscinas, Quimiosfera, 51 (9), 869-879, (2003)
13. Johannes Edmund Wajon, J Carell Morris: El análisis de la libre cloro en presencia de un compuesto orgánico nitrogenado, Environmental International, 3(1), 41- 47. (1980)
14. Lehr L Eugene , Johnson C Charles: Calidad del agua de la natación pools ; Informes de Salud Pública , División de Servicios de Ingeniería Sanitaria EE.UU., Vol 69, No 8, Agosto (1954)
15. Fitzgerald G. P: Factores que influyen en la eficacia de la natación bactericidas de piscina; Microbiología Aplicada 504 - 509 , (1967)
16. Atallah Rabi, Yousef Khader1, Ahmed Alkafajei y Ashraf Abu Aqoulah: Condiciones sanitarias de las piscinas públicas en Amman, Jordan Int. J. Environ. Res. Salud Pública, 4(4), 301-306, (2007)
17. Bruce H K : Ocurrencia de enterovirus en la natación comunitaria piscinas Am. Pub. Salud . Jl Vol 71 , No 9 , Septiembre (1981)
18. Timothy B. S Evaluación bacteriológica de dos métodos de prueba para Cloro en piscinas , Microbiología aplicada, 809 - 811 , Noviembre (1971)
19. ONG Adeline : El cloro y su impacto en un departamento de emergencia : Medicina prehospitalaria y de catástrofes Vol 2 , No 2 (2007)
20. Clifford P. W; Susan D. R : Asma infantil y medio ambiente Exposiciones en piscinas : Environmental Health Perspectives Vol 117 , No 4 ,April (2009
21. Yovonne K , Cloro Joachim H , productos de cloración y sus efectos alérgicos de salud respiratoria: Current respiratory Medicine Reviews Vol 3 , No 1 , (2007)
22. Thomas Glauner : Agua de piscina - fraccionamiento y caracterización genotóxica de los componentes orgánicos, Water Research Vol 39, 4494 - 4502.(2005)
23. Elizabeth. D. R Una evaluación de la influencia inhibidora del Cianúrico Desinfección de piscinas **A.J.P.H. Vol.** 57, No. 2 de febrero de 1967.
24. Matter Doug De La : Química de Piscina , notas de clase de Universidad del Canadá, (2000)
25. Yusmawati W.Y.W; Yunus W.M.M : Comportamiento cinético del cloro en agua pura , American Journal of applied sciences 4 (12) 1024 - 1028 , (2007)
26. Apera Maria : Desinfección de piscinas con cloro y

derivados , Ciencias Naturales Vol 2 , No 2 , 68 - 78 (2010)

27. Glauner Thomas : Fraccionamiento del agua de la piscina y desinfección , Water Research Vol 39 , 4494 - 4502 (2005)
28. Canelli Edmondo: Propiedades químicas, bacteriológicas... de

El ácido cianúrico aplicado a la desinfección de piscinas: APHJ, USA Vol 64 , No 2 , Febrero (1974)

29. Bruce G Hammond , Steve J Barbee : Una revisión de los estudios de toxicología
sobre los cianuratos y sus derivados clorados ; Environmental Health Perspectives Vol 69 , 287 - 22 , (1986)
30. Manual del cloro, The Chlorine Institute, Inc., Nueva York, Nueva York, 1980.
31. Lanjewar Prashant S, Parbat D. K. Dr.; Kosankar P.T. Dr,
32. Estudios de desinfección de las piscinas de Orange City, Internacional

Journal of Emerging Technologies and Applications in Engineering Technology and Sciences. Vol.4, Números 1 - Enero / Julio, 306-309, 2011: 2011

33. Lanjewar Prashant S, Parbat D. K. Dr; Kosankar P.T Dr ,Simulación del proceso de desinfección y su impacto en el sujeto humano en la piscina, Revista Internacional de Ciencia y Tecnología (IJSAT) Volumen III, número II, (Abril - Junio.), 98-105, 2011
34. Lanjewar Prashant S, Parbat D. K. Dr.; Kosankar P.T. Dr, Estudios comparativos de saneamiento de piscinas con polvo blanqueador comercial y ácido tricloisocianúrico (TCCA-90) International Journal of Multidisciplinary Research and Advances in Engineering (IJMRAE), Vol. 4 No. III (julio de 2012):131- 152, 2012
35. Lanjewar Prashant S *; Parbat D. K. Dr; Kosankar P.T Dr, Estudio comparativo sobre el saneamiento de piscinas en la región de Nagpur en la temporada de invierno utilizando gas cloro y ácido tricloroisocianúrico, Documento presentado en la 2ª Conferencia Internacional sobre Ingeniería y Aplicación Ambiental (ICEEA 2011) Agosto

19-21, 2011, Shanghai, China y publicado en International Proceedings of Chemical, Biological &Environmental Engineering, Volume 17(2011) IACSIT Press Singapore:183-189, 2011

36. Lanjewar Prashant S, Parbat D. K. Dr; Kosankar P.T Dr, Associated

peligros para la salud en piscinas públicas y parques acuáticos, trabajo presentado en el 4° Congreso Internacional de Investigación Medioambiental, 15-17 de diciembre de 2011, SVNIT, Surat. 2011

37. Lanjewar Prashant S, Parbat D. K. Dr; Kosankar P.T Dr, Ventajas de ácido tricloroisocianúrico sobre el cloro líquido disponible comercialmente para el saneamiento de piscinas en la región de Nagpur, American Journal of Environmental Engineering. 2012,2(6):174-181, 2012

38. Lanjewar Prashant S, Parbat D. K. Dr.; Kosankar P.T. Dr, Understanding water chemistry of swimming pools for disinfection studies, Documento presentado en la Conferencia Internacional de Investigación sobre Cuestiones Ambientales y Gestión de los Desechos. 5 y 6 de marzo de 2013 en Bangkok (Tailandia) y publicado en el International Journal of Advances in Management, Technology and Engineering Sciences, Vol. II, 6 (I), marzo de 2013:97-102, 2013

39. Química y Control de la Cloración Moderna, A. T. Palin, LaMotte Química. Prod. Co., Chestertown, MD. (1990)

40. Manual de Cloración, George Clifford White, Van Nostrand Compañía Reinhold. San Francisco. (1992)

41. Desinfección, Agua y Aguas Residuales, J. Donald Johnson, Universidad de Carolina del Norte, Chapel Hill, N.C. (1913)

42. Stevensons A. H : Estudios de la calidad del agua de baño y la salud Am Jl. de Salud Pública 43 , pg 529 - 538 (1953)

43. Lacayo J R Discusiones sobre la relación de la calidad del agua de baño al progreso de la ingeniería sanitaria en la Universidad de Florida, 7 : 9 Septiembre (1953)

44. Mood E W : Efecto del cloro residual disponible libre y combinado sobre las bacterias en el agua de la piscina. Am Jl. de Salud Pública 40 , 459 - 466 (1950)

45. Evans O, Cantu R, Bahymer T.D., Un estudio piloto para determinar el volumen de agua ingerido por los nadadores recreativos, Reunión anual de la sociedad para el análisis de riesgos, Washington 2-5 de diciembre (2001)

46. Meek M.E., Long . G : Estimación de la exposición al cloroformo en la natación pool , Jl Toxicol Environ Health 5 (3) , 283 -334 (2002)

47. Bernard A, Nickmilder M, Voisin C, Sardella A., Impact of
la asistencia a la piscina con cloro sobre la salud respiratoria de los adolescentes. Pediatría, octubre; 124 (4) , 1110-8 (, 2009)

48. Kilburn KH : La exposición al moho en interiores asociada con el neurocomportamiento
y el deterioro pulmonar: un informe preliminar Arch Environ Health, 58 (12) 746-755), (2003)

49. Leroyer C, Malo JL, Girad D, Dufour JG, Gautriw D : Crónica
rinitis en trabajadores con riesgo de síndrome de disfunción reactiva de las vías respiratorias debido a la exposición al cloro, Occup Environ Med 56(5) 334-338) , (1999)